ELEMENS
DE
CAVALERIE,
PREMIERE PARTIE,

*Contenant la Connoissance du Cheval,
l'Embouchure, la Ferrure, la Selle,
&c. avec un Traité du Haras.*

PAR M. D. L. G. Ecuyer DU ROY.

tom. 1.

A PARIS,

Chez les Freres GUERIN, rue S. Jacques,
vis-à-vis la rue des Mathurins, à Saint
Thomas d'Acquin.

M. DCC. XLI.

Avec Approbation & Privilege du Roy.

AVERTISSEMENT.

L'INSTITUTION des Académies, où l'on enseigne à monter à Cheval à la Noblesse, a toujours eu pour objet d'y apprendre tout ce qui a rapport à cet Exercice ; & l'Etude des différentes Parties que renferme cet Art, forme ce qu'on appelle, le Connoisseur & l'Homme de Cheval. Il ne suffit pas de sçavoir exécuter une routine Scolastique, qui souvent ne méne à rien, & n'est pas d'une grande utilité pour l'usage ordinaire ; il faut joindre à cette pratique d'autres connoissances essentielles, qui sont, de s'attacher à connoître la beauté & les défauts d'un Cheval ; décider son âge ; fçavoir ordonner une Bride fuivant les qualités de fa Bouche ; une Selle fuivant la ftructure de fon Corps ; une Ferrure fuivant la forme de fon Pied ; des remédes pour les maladies & accidens qui lui arrivent ; & enfin de fçavoir dreſſer un Cheval pour fon ufage. Le peu de tems qu'on employe ordinairement à faire fes Exercices, eſt en partie cauſe, qu'on ne profite pas, comme on le voudroit , des bonnes leçons de fon Maître ; & le pénible métier d'un Ecuyer, le reſtraint à la feule attention qu'il peut avoir , qui eſt, de faire rouler fon Ecole , & ne lui permet pas d'en tenir une particuliere , pour y enſeigner toutes ces différentes choſes , ce qui feroit cependant d'une très-grande utilité. Pour obvier à ces inconvéniens, on a imaginé qu'il feroit à propos de compofer une efpéce de Manuel portatif, ou Abrégé Méthodique, qui renferme dans un ordre clair & précis, tous les principes qui regardent cette matiére. On le divife en trois petits Volumes. Dans le premier, on trouve la Defcription des Parties d'un Cheval; la beauté & les défauts de ces mêmes Parties; l'Age; l'Embouchure; la Ferrure; la Selle, &c. Le fecond, traite de la méthode la plus facile pour le dreffer. Et le troifiéme contient la définition de fes maladies, & les remédes pour le guérir. Par le fecours de ce Manuel ou Recueil, un Cavalier pourra aifément, & en peu de tems, fe remplir la mémoire des chofes les plus effentielles à fçavoir, pour acquérir ces connoiffances, & fe mettre en état de faire des queftions fenfées à ceux, qui font à portée de l'inftruire.

TABLE
DES CHAPITRES
Contenus dans cette premiere
Partie.

CHAP. I. *Division des Parties ex-*
térieures du Cheval. Page
1.

Division des Parties de l'A-
vant-main. 2.
Situation des Parties du
Corps. 8.
Situation des Parties de l'Ar-
riere-main. 9.
CHAP. II. *De la beauté &*
des défauts des Parties de
l'Avant-main. 11.
De la Tête. ibid.

TABLE

Des Oreilles.   12.

Du Front.   13.

Des Salieres.   14.

Des Yeux.   ibid.

De la Ganache.   16.

De la Bouche.   17.

De l'Encolure.   20.

Des Epaules.   22.

Des Jambes de devant.   24.

De la Beauté & des Défauts des Parties du Corps.   32.

De la Beauté & des Défauts de l'Arriere-main.   35.

CHAP. III. De l'Age.   39.

CHAP. IV. De la différence des Poils.   46.

CHAP. V. Des Chevaux de différens Pays.   53.

CHAP. VI. De l'Embouchure, de la Ferrure, & de la Selle.   59.

De la Bride.   ibid.

DES CHAPITRES. xj

*Maniere d'ordonner la Bri-
de.* 65.
De la Ferrure. 73.
De la Selle. 86.

CHAP. VII. *De la Nour-
riture du Cheval, de la
maniere de le panser, &
de le conduire en Voya-
ge.* 94.
De la Nourriture du Cheval.
ibid.
Maniere de panser un Cheval.
97.
*Maniere de gouverner un Che-
val en Voyage.* 100.

CHAP. VIII. *Du Haras.*
105.

*Du Terrain propre pour un
Harras.* 106.
*Du choix de l'Etalon & de
la Cavale.* 109.

xij TABLE DES CHAP.

Des Régles qu'on doit observer dans la conduite d'un Haras. 120.

Distribution du Terrain. 121.

L'âge que doivent avoir les Etalons & les Jumens. 123.

La quantité de Jumens qu'un Etalon peut servir. 125.

Le tems de la Monte. 127.

Maniere de faire couvrir. 131.

Le tems où la Jument met bas. 135.

Dans quel tems il faut sévrer les Poulains. 140.

De la maniere dont on apprivoise les Poulains pour les rendre dociles. 146.

Fin de la Table des Chapitres.

ELEMENS

l'Arriere-main.

la Croupe............37
le tronçon de la queue.38
les Fesses............39
les hanches............40
le grasset............41
les Cuisses............42
le Jarret............43
la chateigne............44
la pointe du jarret..45

le Corps.

les Reins........32
les Rognons....33
les Cotez........34
le Ventre........35
les Flancs......36

l'Avant-main.

le Front............1
les Temples......2
les Salieres......3
la Ganache......4
les Levres......5
les Nazeaux......6
le Bout du né..7
le Menton......8
la Barbe......9
l'Encolure......10
la Criniere......11
le toupet......12
le gosier......13
le Garot......14
les Epaules......15
le Poitrail......16
le Coude......17
le Bras......18
l'Ars............19
la chateigne....20
le Genou......21
le Canon......22
le Nerf......23
le boulet......24
le fanon......25
le Paturon....26
la Couronne....27
le Sabot......28
les quartiers......29
la Pince......30
le talon......31

ELEMENS
DE
CAVALERIE.

CHAPITRE PREMIER.

Division des Parties exté-
rieures du Cheval.

E Cheval se divise en
trois principales Par-
ties, qui sont l'Avant-
main, le Corps, &
l'Arriére-main.

Les Parties de l'Avant-main,
sont la Tête, l'Encolure, le Ga-

A

rot, les Epaules, la Poitrine, & les Jambes de devant.

Les Parties du Corps, font le Dos ou les Reins, les Rognons, les Côtes, le Ventre, & les Flancs.

Celles de l'Arriere-main, font la Croupe, les Hanches, la Queue, les Fesses, le Graffet, les Cuisses, les Jarrêts, & les Jambes de derriere.

Division des Parties de l'Avant-main.

La Teste, qui est la premiere Partie de l'Avant-main est compofée des Oreilles, du Front, des Tempes, des Salieres, des Sourcils, des Yeux, de la Ganache, & de la Bouche.

La Ganache est compofée des deux Os de la Machoire inférieure qui touchent le Gofier. Cette

Partie eſt mouvante, & ſert à mâ-
cher les alimens.

Les Parties extérieures de la
Bouche, ſont les Lévres, les Nazeaux, le bout du Nés, le Menton, & la Barbe, qui eſt l'endroit où ſe place la Gourmette.

Les Parties intérieures, ſont la
Langue, le canal qui eſt le creux
où eſt logée la Langue; le Palais,
les Dents, & les Barres, qui ſont
l'endroit de la Bouche où il n'y
a point de Dents, & où ſe fait
l'appui du Mors.

L'Encolure au haut de laquelle
eſt attachée la Tête, commence
entre les deux Oreilles, & ſe ter-
mine au Garot.

Le Gozier, qui eſt la partie inférieure de l'Encolure, commence
dans le creux & entre les deux Os
de la Ganache, & finit au haut
du Poitrail ou Poitrine.

A ij

La partie supérieure de l'Encolure est bordée par la Criniere; & le Crin qui tombe sur le Front, entre les deux Oreilles, s'appelle *Toupet*.

Le Garot est placé au haut des Epaules, entre la Criniere & le Dos.

Les Epaules commencent au-dessous du Garot, & finissent au haut des Jambes de devant.

Le Poitrail est la partie anté-rieure de la Poitrine placée entre les deux Epaules.

Les Jambes de devant, font composées du Bras, du Coude, de l'Ars, du Genou, du Canon, du Nerf, du Boulet, du Pâturon, de la Couronne, & du Pied.

Le Bras commence au bas de l'Epaule, & finit au Genou.

Le Coude est un Os qui fait partie du haut du Bras, & qui

avance contre les Côtes.

L'Ars est une veine apparente, située au-devant & au-dedans du Bras.

Au-dessus de chaque genou en dedans, il y a une espece de corne tendre, sans poil, qu'on appelle, *Chateignes* ; cette partie se trouve aussi aux Jambes de derriere, mais elles sont placées au-dessous des Jarrêts aussi en-dedans.

Le Genou est la jointure du milieu de la Jambe, qui assemble le Bras avec le Canon.

Le Canon est un Os qui commence au Genou & finit au Boulet.

Derriere & le long du Canon, il y a un tendon qu'on appelle communément *le Nerf* de la Jambe.

Le Boulet est la jointure du Canon avec le Pâturon.

On appelle *Fanon*, le Toupet

de poil , qui eſt derriere chaque
Boulet ; & la petite Corne tendre,
qui eſt placée au milieu de cette
partie, s'appelle *Ergot*.

Le PASTURON eſt la partie ſituée
entre le Boulet & la Couronne.

La COURONNE eſt la partie où
eſt le poil, qui couvre & entoure
le haut du Sabot.

Le PIED ſe diviſe en parties ſupérieures & inférieures. Les parties ſupérieures & extérieures ſont
le Sabot, les Quartiers, la Pince,
& le Talon.

Le SABOT eſt toute la Corne qui
régne autour du Pied.

Les QUARTIERS ſont les deux
côtés du Sabot ; on dit *Quartier de
dedans* , & *Quartier de dehors*.

La PINCE eſt la partie du bout
de la Corne, qui eſt au bas & au-
devant du Pied.

Le TALON eſt à l'opoſite de la

Pince, derriere le Pied où se ter-
minent les Quartiers.

Les Parties inférieures du Pied,
sont la Fourchette, la Sole, & le
Petit-pied.

La Fourchette est cette Corne
tendre, & molle, placée dans le
creux du Pied, qui se partage en
deux branches vers le Talon en
forme de Fourche.

La Sole est une corne plus dure
que célle de la Fourchette, &
plus tendre que celle du Sabot,
placée dans le creux du Pied, entre les Quartiers & la Fourchette.

Le Petit-pied est un Os spon-
gieux, renfermé dans le milieu &
dans le dedans du Sabot. Il est entouré d'une chair qui donne la
nourriture à tout le Pied; cette
Partie n'est point visible, même
quand le Cheval est dessolé.

Situation des Parties du Corps.

LES REINS ou le Dos ; c'est la Partie supérieure du Corps du Cheval, qui prend depuis le Garot jusqu'à la Croupe.

Les ROGNONS, qui font proprement les Reins, font la partie de l'Epine du Dos la plus proche de la Croupe.

Les CÔTE's font le tour des Côtes, qui renferment les Parties internes, contenues dans le Ventre, qui est la Partie inférieure du Corps, située au bas des Côtes.

Les FLANCS font placés depuis la derniere Côte, jusqu'à l'Os des Hanches, & vis-à-vis le Graffet.

Situation des Parties de l'Arriere-main.

La Croupe est la Partie supérieure de l'Arriere-main, qui va en rond, depuis les Rognons jusqu'à la Queue.

Les Fesses prennent depuis le haut de la Queue en descendant jusqu'au pli, qui est à l'oposite du Grasset.

Les Hanches sont les deux côtés de la Croupe, depuis les deux Os, qui sont au haut de la Croupe, jusqu'au Grasset. Tout le Train de derriere ou Arriere-main, s'appelle aussi vulgairement les Hanches.

Le Grasset est la jointure du bas de la Hanche, vis-à-vis des Flancs, à l'endroit où commence la cuisse. Cette Partie avance près du Ventre du Cheval lorſqu'il marche.

Les Cuisses prennent depuis le Graſſet , & depuis l'endroit où finiſſent les Feſſes , juſqu'au pli du Jarret.

Le Jarret eſt la jointure qui aſſemble le bas de la Cuiſſe avec le Canon de la Jambe de derriere. Les Jambes de derriere ſont ſemblables dans les autres Parties à celles de devant.

CHAPITRE II.

De la beauté & des défauts des Parties de l'Avant-main.

LA beauté d'un Cheval consiste dans la belle conformation & dans la juste proportion de ses Parties extérieures.

De la Tête.

LA Partie qui contribue le plus à la beauté d'un Cheval, c'est la Tête. Elle doit être petite, séche, courte & bien placée : Petite, parce que les Têtes grosses & quarrées pesent ordinairement à la main : Séche, parce que les Têtes grasses font sujettes au mal des yeux : il faut auſſi qu'elle ſoit un peu courte, & qu'elle aille en diminuant par en bas vers le bout du Nés ; parce que les Têtes trop longues, qu'on appelle *Têtes de Vieille*, ſont difformes.

Une Tête bien placée eſt celle qui tombe à plomb du front au bout du Nés. Lorſqu'elle ſort de la perpendiculaire en-avant, cela s'appelle *tendre le Nés*, *porter au vent* ; & lorſqu'elle ſe ramene trop en en-bas vers la Poitrine, ce défaut s'appelle *Encapuchonné*.

Des Oreilles.

LES Oreilles doivent être petites, déliées & bien placées. Les Chevaux qui les ont trop épaiſſes, larges & pendantes, s'appellent *Oreillards*. Pour être bien placées, elles doivent être au haut de la

Tête, peu diſtantes l'une de l'autre ; & lorſqu'un Cheval marche il doit porter les pointes des Oreilles en-avant, ce qu'on appelle *Oreille hardie*.

Les Chevaux malins, & ceux dont la vûe eſt incertaine, portent une Oreille en avant & l'autre en arriere alternativement : & comme cette Partie eſt le ſiege de l'Ouye, le Cheval tourne ordinairement l'Oreille du côté qu'il entend du bruit.

Du Front.

Le Front doit être un peu étroit & uni par le haut. Ceux qui ont le bas du Front un peu avancé & relevé, s'appellent *Têtes buſquées* ou *moutonnées*, & ceux qui l'ont bas, large & enfoncé, s'appellent *Camus*.

Une étoile ou pelote blanche au milieu du Front embellit la Tête d'un Cheval. Lorſqu'il a le devant de la Tête blanc, depuis le haut du Front, juſqu'au bout du Nés, c'eſt ce qu'on appelle *Belle - face* ou *Chanfrain blanc* ; ce qui pêche contre la beaute.

Des Salieres.

ELLES doivent être pleines & un peu élevées. Les vieux Chevaux les ont ordinairement enfoncées & creuſes. Beaucoup de jeunes Chevaux engendrés de vieux Etalons, ont auſſi ce défaut.

Des Yeux.

L'ŒIL doit être clair & vif, ce qu'on appelle *Effronté*. Il ne doit pas être trop petit, qu'on appelle

Oeil de Cochon ; ces Chevaux ont le regard trifte, & fouvent la vûe mauvaife. Il doit être placé à fleur & non hors de Tête ; parce que les gros Yeux qui fortent de la Tête, donnent au Cheval un air morne & ftupide.

Il y a deux Parties dans l'Œil effentielles à connoître, qui font la Vitre qui eft la partie extérieure, & la Prunelle qui eft la partie interne, ou le fond de l'Œil.

Lorfque l'Œil eft trouble & brun, c'eft le figne d'un Cheval lunatique, ou qui a eu quelque accident. Lorfque la Prunelle eft d'un blanc verdâtre & tranfparant, ce défaut s'appelle *Oeil Cul de Verre* ; & lorfqu'il y a plus de blanc que de verdâtre, on l'appelle *Oeil Veron*.

Dans la troifiéme Partie de cet Ouvrage, on parlera plus amplement des accidens qui arrivent aux yeux & aux autres parties, dont nous allons continuer de décrire les défauts.

De la Ganache.

Les deux Os qui forment la Ganache ne doivent pas être trop gros, trop ronds, ni trop charnus. Cette difformité, qu'on appelle *Ganache quarrée*, fait souvent qu'un Cheval pese à la main. Il faut que l'entre-deux des Os soit évidé, & qu'il y ait affez d'efpace pour qu'il puiffe loger fa Tête ; car fi les Os étoient trop ferrés l'un près de l'autre, le Cheval auroit de la peine à fe ramener ou placer la Tête, à moins qu'il n'ait l'Encolure longue & relevée.

De

De la Bouche.

UNE belle Bouche eſt celle d'un Cheval qui goûte bien ſon mors, ce qui lui rend la Bouche fraîche & pleine d'écume. Elle ne doit pas être trop grande, c'eſt-à-dire, trop fendue, parce que le mors iroit trop avant dans la Bouche, ce qu'on appelle *boire la bride* : elle ne doit pas être non plus trop petite ; parce que le mors feroit froncer les lévres.

Il ne faut pas que les lévres ſoient trop groſſes ou trop charnues ; ce qui feroit qu'elles couvriroient les barres & empêcheroient l'effet du mors.

Les Nazeaux doivent être bien ouverts, pour faciliter la reſpiration. Lorſqu'un Cheval s'ébrouë en marchant, & qu'on voit une

B

efpéce de vermeil dans le creux des Nazeaux, c'eft figne d'une bonne conftitution.

La Barbe, qui eft l'endroit où porte la Gourmette, ne doit pas être trop plate, trop relevée ni trop charnue. Une Barbe trop plate, ou au contraire trop relevée, empêche la Gourmette de porter également : & celle qui eft trop charnue, n'a pas affez de fenfibilité : il faut qu'elle n'ait, pour ainfi dire, que la peau fur les os. Lorfqu'il fe trouve des duretés ou calus dans cette partie, c'eft figne de mauvaife bouche, & fouvent de la mauvaife main du Cavalier.

La Langue doit être logée dans le canal, fans déborder fur les barres ; ce qui ôteroit l'effet du mors & rendroit l'apui fourd. Il ne faut pas qu'elle foit coupée par l'embouchure, ce qui fuppoferoit

une mauvaise Bouche ou la rudes-
se de la main du Cavalier. Il ne
faut pas non plus qu'elle sorte
d'un côté ou de l'autre lorsque le
Cheval marche, ni qu'elle passe
par-dessus le mors.

Le Palais ne doit pas être trop
gras ni trop épais, parce que le
mors en chatouillant cette partie
feroit batre le Cheval à la main.
Il faut remarquer que le Palais
d'un Cheval se décharne en vieil-
lissant, de même que les Gencives.

Les Barres doivent être un peu
élevées & un peu décharnées; elles
en sont plus sensibles. Si elles
étoient trop tranchantes, le Cheval donneroit des coups de tête.
Lorsqu'elles sont basses, rondes &
trop charnues, cela ôte l'effet du
mors. Il ne faut pas qu'il y ait un
creux dans la Barre, ce qui suppo-
se toujours une mauvaise Bouche.

De l'Encolure.

L'Encolure doit être longue & relevée, en forme de col de Cigne, & tranchante près de la Criniere. Les Encolures trop molles & éfilées, font donner des coups de tête : celles qui font trop courtes, trop charnues & trop épaiffes font pefer le Cheval à la main.

Celles dont la rondeur fe trouve en-deffous, le long du gofier, s'appellent *Encolures de Cerf* ou *renverfées*. Ce défaut fait porter la Branche contre le gofier & ôte l'effet du mors. Ces fortes d'Encolures forment un autre défaut , qu'on appelle *coup de hâche* , qui eft un creux ou enfoncement au bas de la partie fuperieure de l'Encolure, qui l'empêche de fortir directement du Garot.

On appelle *Encolure fauſſe*, celle qui tombe à plomb, depuis l'entre-deux de la Ganache juſqu'au poitrail, au lieu de venir en talus.

Les Encolures trop charnues & trop épaiſſes près de la Criniere font pancher l'Encolure d'un côté; défaut qui arrive plus ordinairement aux vieux Chevaux, à qui on laiſſe les crins trop épais. Il faut en ce cas les arracher par-deſſous, afin de les rendre déliés ; parce que les Encolures trop chargées de crin ſont ſujettes à la craſſe, qui ſouvent engendre la gale dans cette partie.

Le Garot élévé, long & décharné dénote la force d'un Cheval, & empêche la Selle de le bleſſer en cet endroit ; ce qui arrive ſouvent aux Chevaux qui ont le Garot rond & charnu.

Des Epaules.

LORSQUE le Garot eft élévé & conftruit, comme nous venons de le dire, les Epaules font ordinairement bien faites. Elles doivent être plates, larges, libres & mouvantes.

Deux défauts effentiels dans cette Partie, c'eft lorfqu'un Cheval eft trop chargé d'Epaules, ou au contraire trop ferré, ou lorfqu'elles font chevillées & engourdies.

Les Chevaux chargés d'Epaules, c'eft-à-dire, qui les ont groffes, charnues & rondes, avec le Poitrail trop large & avancé, ne font pas bons pour la Selle, & font fujets à broncher; mais ils font bons pour le tirage, parce qu'ils donnent mieux dans le colier.

Lorfqu'un Cheval a trop de

chair dans l'endroit où portent les Arçons de devant ; il n'eſt jamais ſi libre d'Epaules , eſt difficile à ſeller , & n'eſt pas propre pour la Chaſſe ni pour les courſes de vîteſſe.

Un autre défaut très-conſidérable, c'eſt lorſqu'un Cheval a les Epaules trop ſerrées , & dont la Poitrine n'eſt pas aſſez ouverte par devant. Ces ſortes de Chevaux ne peuvent pas facilement déployer les Bras en galoppant, ſont ſujets à broncher, à ſe croiſer & à ſe couper en marchant.

Les Epaules chevillées, engourdies & ſans mouvement, rendent la démarche d'un Cheval rude & incommode, parce que l'action ne vient que du bras. Ces Chevaux ſe ruinent bientôt les jambes , ſont ſujets à broncher & à peſer à la main.

Lorſque les Epaules ſont bien faites, le Poitrail ou Poitrine l'eſt auſſi. Quand le Poitrail eſt trop avancé, & que le haut des Jambes eſt trop retiré en arriere ſous les Epaules, ce défaut empêche un Cheval de marcher ſûrement, & le fait appuyer ſur le Mors.

Des Jambes de devant.

ELLES doivent être proportionnées à la taille du Cheval. Celui qui eſt trop élévé ſur Jambes, c'eſt-à-dire, qui les a trop longues, n'a pas la démarche ſûre. Il en eſt de même de celui qui a le défaut contraire, qui eſt d'être bas du devant; défaut auquel les Jumens ſont plus ſujettes que les Chevaux.

Lorſqu'un Cheval eſt dans ſa ſituation naturelle, ſes Jambes doivent

doîvent être un peu plus éloignées
l'une de l'autre, en haut près de
l'Epaule, qu'en bas près du Boulet, & tomber par une ligne droite, depuis le haut du Bras jufqu'au Boulet, & du Boulet un
peu en avant jufqu'à la Pince.

La pofition des Pieds en marchant, doit fe faire à plat, fans
qu'un Pied foit tourné ni en dedans ni en dehors, mais la Pince
directement en avant. Les Chevaux qui ont été forbus & mal gué-
ris, pofent le Talon le premier.
On appelle *Rampins* ceux qui pofent la Pince la premiere, comme font la plûpart des Chevaux
de tirage, ceux qui portent des
crampons trop élévés, & ceux
qui féjournent long-tems dans une
Ecurie mal pavée.

De la mauvaife fituation des
Jambes vient celle du Coude.

Lorsqu'il est trop serré vers les Côtes, la Jambe se tourne en dehors, & lorsqu'il est trop ouvert & éloigné des Côtes, la Jambe se tourne en dedans ; ce qui est presque toujours un signe de foiblesse.

Le Bras de la Jambe doit être long, large & nerveux, & les muscles qui sont en dehors gros à proportion. Ceux qui ont le Bras court ont ordinairement un beau pli de Jambe, & sont bons pour le Manége & la Parade ; mais ne résistent pas tant à la fatigue, & se lassent plus facilement, que ceux qui ont le Bras long & bien fourni de Muscles.

Le Genou doit être plat, large, & n'avoir que la peau sur les os. Les Genoux ronds & enflés signifient une Jambe travaillée, de même que ceux qui sont *couron-*

nés , aufquels le poil manque au milieu de cette partie , ce qui arrive à force de tomber deffus en marchant , à moins que cela ne foit arrivé par accident. Lorfqu'un Cheval porte le Genou en avant , on appelle ce défaut , *Jambe arquée* , ce qui vient de ce que les Nerfs fe font retirés par un grand travail , & ordinairement les Jambes leur tremblent après avoir marché. Quelques Chevaux Barbes & d'Efpagne ont les Jambes arquées fans les avoir fatiguées. Cette mauvaife habitude , vient de ce qu'on leur met des Entraves qui leur font mal placer les Jambes.

L'Os du Canon doit être uni , fans groffeur , ni en-dedans , ni en-dehors , & gros à proportion de la Jambe. Le Canon trop menu eft une marque de foibleffe. Les Che-

vaux Turcs, Barbes & autres nés
dans les pays Chauds, ne laiſſent
pas d'avoir les Jambes excellentes
avec ce défaut, ce qui provient
de la chaleur du climat, qui con-
ſolide l'Os du Canon, & leur
rend les Jambes nerveuſes, quoique menues.

Le Tendon qui régne derriere
& le long du Canon, qu'on appelle communément *le Nerf*, doit
être gros à proportion de la Jambe, ſans dureté ni enflure, & dé-
taché du Canon ſans humeur &
groſſeur entre-deux, qui faſſe paroître la Jambe ronde, mais plate & large. Ceux qui ont le Nerf
menu & peu éloigné de l'Os,
qu'on appelle *Jambes de Veau*,
ſe ruinent en peu de tems en travaillant. Entre le Canon & le
Nerf de la Jambe, il y a un liga-
ment qui deſcend en forme de ſe-

cond Nerf, lequel, lorfqu'il eſt apparent rend la Jambe plate & large. Il n'eſt point viſible lorſque la Jambe eſt ronde & gorgée.

Le Boulet doit être nerveux & gros à proportion de la Jambe. Les Boulets menus ſont trop fléxibles, ſujets aux molettes, & ne réſiſtent pas au travail. Lorſque le Boulet eſt enflé, c'eſt une marque de Jambe travaillée, & lorſqu'il eſt *Couronné*, c'eſt-à-dire, qu'il y a une groſſeur ſous la peau, qui va en forme de cercle autour du Boulet, c'eſt une preuve certaine de Jambe uſée.

Il faut que le Pâturon ſoit bien proportionné, ſans être ni trop court ni trop long ; on dit *courjointé* & *long-jointé*. Le Pâturon trop court forme une Jambe droite, ce qu'on appelle Cheval *droit ſur Jambes*, lequel devient avec le tems *boulté* ; c'eſt-à-dire, que le Boulet ſe porte trop en-avant. Ces ſortes de Chevaux ſont ſujets à broncher. Il ſe trouve quelques Chevaux longs-jointés , mais qui ne plient pas trop le Boulet en marchant ; ils ont l'alure plus commode, mais ils ſe ruinent plus facilement que les autres.

La Couronne doit accompagner la rondeur du haut du Sabot , & avoir le poil couché & uni. Si la Couronne étoit plus élévée que le Pied, ce ſeroit une marque, ou qu'elle ſeroit enflée, ou que le Pied ſeroit deſſéché.

Il faut que le Pied ſoit proportionné à la ſtructure de la Jambe , ſans être ni trop grand ni trop petit. Les grands Pieds ſont peſans & ſujets à ſe defférer ; & les Pieds trop petits ſont ſouvent douloureux, & deviennent *encaſtelés*.

La forme d'un beau Pied vient de celle du Sabot, qui doit être presque rond, un peu plus large en bas qu'en haut, avec la corne unie, luisante & brune.

Lorsque le Sabot est trop large par en bas, & que les quartiers s'élargissent trop en-dehors, ce qu'on appelle *Pieds-plats* ; c'est un défaut qui fait porter la Fourchette à terre, & souvent boitter. Lorsqu'au contraire le Sabot s'étrécit trop vers le Talon, & que les quartiers se resserent trop, on l'appelle *Cheval encastelé*, accident qui presse le Petit-pied, y cause de la douleur, & fait boitter le Cheval.

La Fourchette doit être nourrie, sans être ni trop grosse ni trop petite. La Fourchette trop large, qu'on appelle *Fourchette grasse*, est un défaut qui se trouve aux Chevaux qui ont le Talon bas ; & celle qui eſt trop ſéche eſt le vice des Pieds encaſtelés.

La Corne de la Sole doit être aſſez forte & épaiſſe, & le dedans du Pied creux. Lorſque la Sole eſt plus haute que la Corne, c'eſt ce qu'on appelle *Pied-comble.* Ces ſortes de Pieds ſont difficiles à ferrer, ne valent rien pour la Selle ni pour le Caroſſe, ils ne ſont tout au plus bons que pour la charuë.

De la beauté & des défauts des Parties du Corps.

LES Reins ou le Dos, doivent être courts, & l'Epine du Dos ferme, large & unie. On remarque que les Chevaux courts de Reins, ſont ordinairement plus legers, ont plus de force , & galopent mieux fur les Hanches que ceux qui ont les Reins longs : ces derniers ont l'alure plus commode , fur-tout celle du Pas ; parce qu'ils peuvent étendre les Jambes avec plus de facilité ; mais ils ont plus de peine à fe raffembler au galop.

On appelle *Cheval enfellé* , celui qui a le Dos bas & enfoncé. Ces Chevaux ont pour l'ordinaire un bel Avant-main , l'Encolure relevée , la Tête placée haut , font affez légers , & ont la démarche commode , mais comme ils manquent fouvent de force , ils fe laffent bientôt : ils font avec cela difficiles à feller.

Les Côtes d'un Cheval doivent prendre en rond depuis l'Epine du Dos jufques fous le Ventre. Lorfqu'il a les Côtes ferrées &

avalées , ce qu'on appelle *Côte-plate*, il eſt difficile à ſeller. Ces ſortes de Chevaux ont ſouvent les reins bons , mais toujours vilaine croupe.

Il faut que le Ventre accompagne la rondeur des Côtes , il doit auſſi être large à proportion de la taille du Cheval. Lorſque cette partie deſcend trop bas & eſt trop large , on l'appelle *Ventre avalé , Ventre de Vache.*

Les Flancs doivent être pleins à l'égal du Ventre & des Côtes. On appelle *Flanc retrouſſé , Flanc coupé , Cheval éflanqué, étroit de boyau,* celui qui n'a pas cette partie aſſez remplie. Les Chevaux qui ont trop d'ardeur deviennent éflanqués en travaillant , & ceux qui reſſentent quelque douleur au train de derriere le deviennent auſſi. On remarque encore que ceux qui ont le Foureau trop petit & retrouſſé, le Flanc leur devient coupé.

Il y a des Chevaux, qui ſans être altérés de Flanc, ſouflent beaucoup en travaillant ; on les appelle *Soufleurs, gros d'haleine*, parce qu'ils n'ont pas la reſpiration libre. Ce défaut eſt très-incommode pour les Chevaux de Chaſſe & de Caroſſe.

De la beauté & des défauts de l'Arriere-main.

LA Croupe d'un beau Cheval doit prendre en rond, depuis l'extrémité des Reins, ou Rognons, juſqu'au haut de la Queue, & accompagner ſa rondeur, depuis le Graſſet juſques derriere les Feſſes. Lorſque cette partie eſt avalée & coupée en forme de Croupe de Mulet, elle peche contre la beauté feulement. Plufieurs Chevaux Barbes & Efpagnols ont cette imperfection ; mais elle eft réparée par la bonté de leurs Hanches. Les Chevaux qu'on appelle *Cornus*, font ceux, dont les deux Os des Hanches font trop élévés : ceux qui ont la Côte plate font fujets à ce défaut.

Les Hanches doivent être d'une jufte longueur. Elles font trop longues, lorfque le Jarret vient trop en-arriere ; & trop courtes, lorfqu'elles defcendent trop à plomb : ceux qui ont le premier défaut, vont affez bien le pas ; mais ils ont de la peine à galopper affis : & ceux qui ont les Hanches trop courtes ne peuvent pas facilement plier le Jarret, & marchent ordinairement roides de derriere.

La Queue placée trop haut rend

la Croupe pointue ; & lorſqu'elle
l'eſt trop bas , c'eſt ſouvent un
ſigne de foibleſſe de Reins. Elle
doit être aſſez garnie de poil ;
celle qui en a peu s'appelle *Queue
de Rat*. Une belle Queue doit
deſcendre en rond, & non à plomb,
au ſortir de la Croupe ; ce qu'on
appelle , *porter la Queue en trompe*.

Il faut encore pour la beauté
de l'Arriere-main, que les Cuiſſes
& les Feſſes ſoient groſſes & charnues à proportion de la Croupe ;
ſurtout que le Muſcle qui eſt placé en-dehors au bas de la Cuiſſe
& au-deſſus du Jarret , ſoit épais
& charnu ; car les Cuiſſes maigres ſont une marque de foibleſſe.
Elles doivent auſſi être aſſez ou-
vertes en-dedans , afin que le
Cheval ne paroiſſe pas ſerré de
derriere.

Il faut enfin que les Jarrets

foient grands, larges & déchar-
nés. Les petits Jarrets font foibles. Les Jarrets gras, c'eft-à-
dire, trop charnus, font fujets à
bien des accidens, dont nous par-
lerons dans la troifiéme Partie.
Ceux qui les ont ferrés l'un près
de l'autre s'appellent *Crochus*,
Jartés. Ceux au contraire qui les
ont trop en dehors, ont peine à
s'affeoir fur les Hanches. A l'é-
gard des autres parties des Jambes de derriere, elles doivent
avoir les mêmes qualités que
celles de devant.

CHAPITRE III.

De l'Age.

LA connoiſſance de l'Age du Cheval ſe tire de celle de ſes Dents, qui ſont au nombre de quarante ; leſquelles ſe diviſent en Dents mâchelieres ou molaires, en Dents de devant & en Crochets. Les Jumens n'ont que trente-ſix Dents, parce qu'elles ont rarement des Crochets, & lorſqu'elles en ont ils ſont fort petits.

Les Dents mâchelieres ſont au nombre de 24. placées au fond de la Bouche, au‑delà des barres, 12. à la Machoire ſupérieure, rangées ſix de chaque côté, & autant à la Machoire inférieure, ran-

gées de même. Ces Dents ne ſervent point à la diſtinction de
l'Age.

Les Dents de-devant ſont au
nombre de 12. ſix à la Machoire
ſupérieure & autant à l'inférieure.
Lorſqu'elles commencent à pouſſer, qui eſt environ quinze jours
après la naiſſance d'un Poulain;
elles s'appellent *Dents de lait*. Elles
ſont courtes, petites, blanches &
point creuſes. Ces Dents tombent
pour faire place à d'autres, qui
ſervent à indiquer l'Age.

Lorſque le Poulain a trente
mois ou environ, les quatre Dents
de lait, qui ſont placées ſur le
devant de la Bouche, à côté l'une
de l'autre, deux deſſus, & deux
deſſous, tombent; & les Dents
qui viennent à leur place, s'ap-
lent *les Pinces*.

Environ à trois ans & demi, les
quatre

quatre autres Dents de lait, placées proche des Pinces, une de chaque côté, deux en haut & deux en bas, tombent aussi; & celles qui poussent à leur place s'appellent *Mitoyennes*.

Les quatre dernieres Dents de lait, qui sont placées à chaque côté des mitoyennes, tant en haut qu'en bas, tombent à quatre ans & demi, & font place à quatre autres, qu'on appelle *les Coins*, qui ne font d'abord que border la gencive, & en croissant peu-à-peu, laissent un creux au milieu de la Dent, qui sert à marquer l'Age. Vers les six ans ce creux commence à se remplir, & la marque noire qui paroît dedans diminue aussi peu-à-peu, jusqu'à sept ans & demi ou huit ans qu'elle est effacée. Alors la Dent étant pleine & unie, & la marque noire effacée,

D

on dit que le Cheval a razé.

Il faut remarquer qu'il se trouve des Chevaux dont la marque noire ne s'efface jamais, ce qui provient de la dureté des Dents : on les appelle *Béguts*. Quelques Chevaux Polonois, Hongrois, & beaucoup de Jumens sont sujets à être Béguts. Comme il ne suffit pas qu'un Cheval ait cette marque noire, mais qu'il ait encore un creux dans la Dent, pour connoître son Age ; c'est à cette différence qu'on connoît qu'il est Bégut, lorsqu'il a passé huit ans.

Les Crochets qui sont au nombre de quatre, sont placés au-delà des coins, sur les barres, deux en haut & deux en bas ; c'est-à-dire, un à chaque côté des Machoires. Ceux de la Machoire inférieure percent tantôt à trois ans & demi, tantôt à quatre ; & ceux de la Machoire supérieure commencent à pousser vers les quatre ans & demi , quelquefois avant les coins , & quelquefois après.

Ce sont les Crochets d'enhaut qui servent à la distinction de l'Age. Jusqu'à six ans , ils sont pointus & creusés en-dedans, du côté de la Langue, ce qu'on appelle *Crochet canelé*. Un Cheval n'est pas capable de grande fatigue , avant qu'il ait poussé ses Crochets d'enhaut : il y en a même beaucoup qui sont malades, surtout aux Yeux, lorsqu'ils leur percent. Vers les dix ans ils sont fort usés, la Gencive commence aussi à se retirer, ce qui décharne les Dents , & les fait paroître longues.

Lorsqu'un Cheval ne marque plus, ni par les Dents, ni par les Crochets , il faut voir s'il n'est

point *fillé*, ce qui arrive, lorfqu'il lui vient des poils blancs fur
les fourcils, plus ou moins, fuivant qu'il eft avancé en âge, enforte qu'un Cheval de dix-huit à
vingt ans a ordinairement les fourcils tous blancs.

On remarque qu'un Cheval en-
gendré d'un vieux Etalon & d'u-
ne vieille Cavalle, commence ordinairement à filler dès l'âge de
neuf à dix ans. Cette diftinction
d'Age par les Sourcils, ne regarde point les Chevaux Rubicans
ni les Chevaux gris, qui naiffent
avec des poils blancs femés partout le Corps.

Par tout ce qu'on vient de dire, il eft aifé de conclure que les
Crochets ufés, les Dents jaunes,
craffeufes & décharnées, & les
poils blancs fur les Sourcils, font
toutes preuves de vieilleffe ; auf-

quels signes on connoît les Chevaux Béguts & ceux qui sont *contremarqués*; c'est-à-dire, à qui on a adroitement avec un burin creusé la Dent des coins, & mis une fausse marque dans le creux de la Dent, ce qu'il est aisé d'appercevoir en l'examinant de près.

Il y a des gens qui se servent d'une méthode encore plus pernicieuse pour tromper; c'est d'arracher les Dents de lait vers les trois ans, afin de faire pousser les Dents qui viennent à leur place, & par ce moyen faire paroître un Cheval plus âgé qu'il n'est, ensorte qu'on croit acheter un Cheval de quatre à cinq ans, qui n'en a souvent pas trois.

CHAPITRE IV.

De la différence des Poils.

LE plus commun des Poils est celui des Chevaux Bais, qui est de couleur de chateigne, plus ou moins claire ou obscure ; ce qui forme les différens Bais, comme *Bai clair* , *Bai chatain* , *Bai brun*, *Bai doré*, *Bai à miroir*.

Le Bai brun est très-foncé & presque noir, excepté au bout du Nés , aux Flancs & au bas des Fesses, où le Poil est d'un rouge foncé. On dit d'un tel Cheval qu'il a *du feu* dans ces parties ; ce qui passe pour une bonne marque. On estime moins ceux qui ont les Flancs & les extrémités *lavés* ; c'est-à-dire, d'un Bai très-clair & blafard.

Le Bai doré eſt celui dont le fond du poil eſt d'un jaune vif; & le Bai mirouetté eſt celui qui a des marques ſur la Croupe & ſur le Corps d'un Bai plus obſcur. Il faut remarquer que tous Chevaux Bais ont les crins & la Queue noire.

Il y a deux ſortes de noirs ; *noir get*, qui eſt très-noir; & *noir mal-teint*, qui eſt un noir brun, d'un poil plus déteint.

Il y a pluſieurs ſortes de gris. Le *gris pommelé* a ſur la Croupe & ſur le Corps des eſpéces de pelotes plus ou moins griſes. Le *gris ſale* eſt celui qui a plus de poils noirs que de blancs. Le *gris argenté* a peu de poils noirs, ſemés ſur un fond blanc & clair. Le *Tigre* ou *gris tiſonné* a pluſieurs marques larges & noires ſur un fond blanc. Le *Poil d'Etourneau* eſt une eſpéce de gris encore plus brun que le gris ſale.

Il y a trois ſortes de Pies : *Pies noirs* , *Pies bais* , & *Pies alzans* : ce ſont des taches en forme de placards , de ces trois différentes couleurs , ſur un poil blanc.

L'Alzan eſt une eſpéce de Bai roux , comme le poil des Vaches , l'Alzan clair eſt celui qui a moins de roux , & l'Alzan brûlé eſt plus brun & plus foncé.

Rouhan eſt un poil mêlé de rouge & de blanc. Le *Rouhan vineux* tire plus ſur le rouge. On appelle Cheval *Cap-de-Maure* celui qui a la Tête & les extrémités noires , & le reſte Rouhan.

Rubican ; c'eſt lorſque ſur un poil noir , Bai ou Alzan , il y a des poils blancs ſemés par le Corps , ſurtout aux Flancs.

On appelle *Poil de Souris* , celui

lui qui porte la couleur de cet animal ; & *Louvet*, celui qui a un poil de Loup. Plufieurs Chevaux de ces deux efpéces ont la raie noire fur le Dos.

FLEUR DE PECHER, AUBER, MIL-LE-FLEUR, font la même chofe, & ont la couleur de la fleur de Pê-cher.

TRUITE', eft celui qui a la Tête & le Corps mouchetés de petites marques rouffes ou alzanes.

PORCELAINE ; ce font des taches dans plufieurs endroits du Corps, comme on en voit fur les vafes de Porcelaine.

ISABELLE, eft une efpéce de jaune clair. *Ifabelle-doré*, eft un jaune plus vif.

POIL SOUPE-DE-LAIT, eft un blanc fale.

Comme la Nature varie beaucoup en fait de poils, il s'en trouve encore quelques-autres, aufquels on donne le nom de celui qui approche le plus des poils dont on vient de parler.

On appelle Cheval *Zain*, celui qui n'a aucune marque blanche naturelle, ni à la Tête, ni aux extrémités.

Les Chevaux Turcs, Barbes, Arabes, & autres nés dans les Païs chauds, ont le poil plus ras que les autres.

On appelloit autrefois *Balzane*, lorfque le bas de la Jambe d'un Cheval étoit blanc ; & l'on difoit *Balzan du pied du montoir*, &c: & *Balzan des quatre pieds*.

On appelle *Jambe herminée*, celle qui a des Balzanes mouchetées de noir.

L'Etoile ou *Pelote*, eft une marque blanche au Front du Cheval. Lorfque tout le devant de la Tête, jusqu'au bout du Nés est blanc, cela s'appelle *Chanfrain blanc* ou *Belle-face*.

On appelle *Epie* ou *Molette* le retour du poil qui est à contre-sens, que les Chevaux ont au Front, aux Flancs, & autres endroits; *Epée Romaine*, le retour du poil ou Epie, que quelques Chevaux ont le long de la criniere : & *Coup de lance*, une cavité sans cicatrice, qu'on trouve quelquefois au Col & à l'Epaule de quelques Chevaux Barbes & Espagnols.

Il y a des personnes qui estiment beaucoup certains poils & certaines marques, & qui attribuent des qualités infinies à ceux qui les portent; mais c'est une vieille erreur : *de tous poils bons Chevaux*, dit l'ancien proverbe. La bonté d'un Cheval dépend uni-

quement de fa reffource & de fa
vigueur, qui font des qualités intérieures, & non de fon poil, qui
n'eft qu'un jeu de la Nature.

CHAPITRE V.

Des Chevaux de différens Pays.

LE Cheval d'Espagne est le plus estimé de tous les Chevaux, à cause de ses ressorts, de sa cadence naturelle & de son agilité pour le Manège ; de sa fierté, de sa grace, & de sa noblesse pour la pompe & la parade ; de son courage, de sa docilité & de sa prompte obéissance pour la guerre, surtout dans un jour d'affaire. On ne s'en sert guéres pour d'autres usages. C'est des Haras d'Andalousie que sortent les meilleurs Chevaux d'Espagne.

Le Cheval Barbe, quoique plus froid en apparence & plus

négligent dans son alure, que le Cheval d'Espagne, ne lui céde en rien, lorsqu'il est recherché : on lui trouve beaucoup de nerf, de légereté & d'haleine. Un Barbe bien choisi est un excellent Etalon, pour tirer des Chevaux de Chasse. Il réussit mieux dans un Haras que le Cheval d'Espagne, qui pour l'ordinaire produit des Chevaux de plus petite taille que la sienne.

Les Chevaux Napolitains étoient autrefois plus estimés qu'ils ne le sont aujourd'hui ; parce que les Haras sont fort abatardis. Ils sont en général indociles, & par conséquent difficiles à dresser : ils ont pour la plûpart la Tête grosse, longue, & l'encolure épaisse ; mais ils sont fiers, de belle taille, & ont de beaux mouvemens. On en fait de beaux atelages quand ils font bien choifis.

Les Chevaux Turcs n'ont pas le mérite des Barbes ni des Chevaux d'Efpagne ; ils ne font pas fi bien proportionnés , & ont pour l'ordinaire l'Encolure éfilée , le Corps long, les Jambes trop menues , l'appui foible & mal-aifé: mais ils font grands travailleurs, de longue haleine , & peu fujets aux maladies.

Quelques Haras d'Allemagne , principalement ceux de l'Empereur & du Roi de Pruffe , produifent de parfaitement beaux Cheveaux pour la Guerre & pour le Caroffe; mais ils ne réuffiffent pas fi bien à la Chaffe & dans la Courfe de vîteffe.

Les Chevaux Danois , de race, font les mieux moulés de tous les Chevaux : ils ont de beaux mouvemens, font excellens pour

la Guerre, & l'on en forme de fu-
perbes Atelages.

L'attention que les Anglois ont
depuis long-tems, de choifir les
plus beaux & les meilleurs Chevaux d'Afrique pour en faire des
Etalons, leur a produit quantité
d'excellens Chevaux, furtout pour
la Courfe & pour la Chaffe. Leur
haleine, leur force, la hardieffe
avec laquelle ils franchiffent les
Haïes & les Foffés, les font
préférer à tous les autres Chevaux de l'Europe pour cet ufage.
Avec toutes ces belles qualités,
s'ils étoient affouplis par les régles
de l'Art, avant de les faire courre,
les reffors en feroient plus lians,
ils en dureroient plus long-tems,
& auroient une alure infiniment
plus commode. Les meilleurs fortent de la Province d'Iorkfire.

Les Chevaux Normans & les

Limousins, sont les meilleurs Chevaux qu'il y ait en France. Le Cheval Normand réussit mieux pour la Guerre que pour la Chasse; il a plus de dessous, & est plutôt en état de rendre service que le Limousin, qui n'est dans sa force qu'à huit ans. Le Païs de Cotentin en Basse-Nomandie produit de beaux Chevaux de Carosse, mais en petite quantité : ils ont plus de légereté, plus de ressource, de meilleurs Pieds, & une aussi belle figure que les Chevaux d'Hollande.

On se sert communément en France, pour le Carosse, de Chevaux d'Hollande : ceux de la Province de Frise sont les meilleurs : ils s'en trouve aussi de fort bons dans le païs de Bergues & de Juliers. Mais pour les Chevaux Flamands, qu'on veut souvent

faire paſſer pour Chevaux d'Hollande, ils ne valent rien pour le
Caroſſe, ils ont pour l'ordinaire
les Pieds plats, & ſont ſujets aux
eaux, qui ſont de grands défauts
dans un Cheval.

CHAPITRE VI.

De l'Embouchure, de la Ferrure, & de la Selle.

De la Bride.

LEs Mors des Anciens étoient si rudes, qu'ils défefpéroient un Cheval, & lui eftropioient la Bouche. Ceux dont on fe fert préfentement font plus fimples & plus doux, & fuffifent pour tirer d'un Cheval toute l'obéiffance qu'une main fçavante doit en attendre.

La BRIDE eft compofée de trois parties principales; fçavoir, du Mors ou Embouchure, qui fe place dans la Bouche; de la Branche, qui eft attachée aux deux

extrémités de l'Embouchure ; &
de la Gourmette, qui fait fon effet
fur la Barbe.

Le MORS ou l'EMBOUCHURE,
qu'on appelle communément *Canon*, eft un morceau de fer arondi,
qui fe met dans la Bouche du
Cheval ; les deux extrémités de
cette Embouchure, où font attachées les branches , s'appellent
Fonceaux.

On ne fe fert préfentement que de
trois fortes de Canons ; celui qu'on
appelle *fimple Canon* , le *Canon à
Trompe* ou *à Canne* , & le *Canon
à liberté de Langue*. Le fimple Canon eft de deux piéces ; c'eft-à-
dire, brifé dans le milieu, ce qui
lui donne plus de jeu. C'eft la
plus douce de toutes les Embou-
chures. Le Canon à Trompe eft
d'une feule piéce, & par confé-
quent un peu plus rude ; & le

Canon à liberté de Langue, eſt une eſpace vuide & relevé au milieu, pour loger la Langue du Cheval. On l'appelle *Gorge de Pigeon*, lorſque cette partie va en diminuant par en-haut, & *Canon montant*, lorſqu'il eſt plus relevé que la Gorge de Pigeon.

La BRANCHE, qui fait agir l'Embouchure, à laquelle elle eſt attachée par les Fonceaux, eſt compoſée du Banquet, du Coude, du Jarret, du bas de la Branche, du Touret & des Chainettes.

Le BANQUET eſt le haut de la Branche. Le trou d'enhaut, où paſſe le *Porte-mors*, & où eſt attachée la Gourmettre, s'appelle l'*Oeil du Banquet*. Et l'*Arc du Banquet* eſt cette partie en forme d'Arc, dans laquelle entrent les deux extrémités de l'Embouchure, & où s'attachent les Boſſettes.

Le Coude eſt l'endroit au-deſſous de l'Arc du Banquet, qui va
en rond en forme d'S.

Le Jarret eſt placé au-deſſous
du Coude & au milieu de la
Branche.

Le bas de la Branche eſt l'eſpace vuide au-deſſous du Jarret,
où eſt attaché le *Touret*, qui eſt
une eſpéce de cloud, arrêté par
ſa tête, dans la partie du bas de
chaque Branche, & recourbé par
la pointe, pour tenir les anneaux,
dans leſquels paſſent les rênes de
la Bride. Il y a deux Chaînettes
attachées aux deux Branches, par
chacune deux petits Tourets, pour
tenir les deux branches en état.
On met aux Chevaux de Caroſſe
une petite barre de fer, au lieu
de chaînettes.

On ne ſe ſert plus guéres pré-
ſentement que de deux ſortes de

Branches. La *Branche droite*, &
la *Branche Françoise*. La Branche
droite, qu'on appelle aussi communément *Branche à Pistolet &
Buade*, est celle dont on se sert
pour les jeunes Chevaux, parce
qu'elle contraint moins. La Branche Françoise prend un tour circulaire, au - dessous de l'Arc du
Banquet en forme d'S, dont la
rondeur est interrompue dans le
milieu par ce qu'on appelle *Jarret*.
Il y a aussi des Branches sans Jarret ; & une autre sorte de Branche, qu'on appelle *à la Connéta-
ble*, qui ne différe de la Françoise, que par le bas de la Branche qui est plus rejetté en arriere.
Cette sorte de Branche n'est plus
guéres en usage.

Il y a encore une ancienne
Branche, qui est revenue à la
mode, qui n'est autre chose qu'u-

ne eſpéce de *Mors à la Houſarde*,
dont la branche eſt très-courte,
tantôt droite, & tantôt tournée
en S. Cette prétendue nouvelle
Branche, dont quelques-uns font
beaucoup de cas, peut paſſer pour
les petits Chevaux & pour les
Coureurs, pourvû qu'ils aient la
Bouche excellente.

Une Branche eſt flaſque ou hardie, ou ſur la ligne. On l'appelle
Flaſque, lorſque le bas de la Branche eſt en-deça de la ligne du
Banquet en s'approchant du Poitrail. *Hardie*, lorſque le bas de
la Branche eſt pouſſé en avant,
au-delà de la ligne du Banquet;
& *ſur la Ligne*, lorſque le bas de
la Branche eſt ſur la ligne du
Banquet, comme il ſe trouve aux
Branches droites.

La Gourmette eſt une eſpéce
de chaîne qui a trois côtés, compoſée

posée de *Mailles*, de *Maillons*, d'une S, & d'un Crochet. Les Mailles forment ce qu'on appelle *la Chaîne* ; elles sont plus grosses & plus renflées dans le milieu qu'aux extrémités. Les Maillons sont de petites Mailles droites, placées au nombre de deux à chaque extrémité de la Gourmette. L'S est attachée à l'Œil droit du Banquet ; & le Crochet tient à l'Œil gauche, où l'on attache la Gourmette.

Maniere d'ordonner la Bride.

La grosseur du mors doit être proportionnée à la fente de la Bouche du Cheval. Un mors trop gros dans une petite Bouche feroit froncer la lévre, & gêneroit la respiration ; & s'il avoit trop peu de fer, il iroit trop avant

E

dans la Bouche, ce qu'on appelle, *boire la Bride*. Il faut qu'il porte fur les barres, environ un demi doigt au-deſſus du crochet d'en-bas : il doit être également logé dans la juſte largeur de la Bouche, ſans déborder par les extré-mités, ni au contraire être trop ferré, ce qui pinceroit les lévres.

Lorſqu'un Cheval a naturelle-ment la Bouche bonne, il ne s'offenfe d'aucun mors ; c'eſt pourquoi, il faut lui en donner un qui lui conſerve cette bonne qualité, tel qu'eſt le ſimple canon, avec une branche qui ne ſoit pas hardie. Les Bouches difficiles à emboucher, ſont celles qui ſont trop fenſibles, fortes, peſantes, trop ou trop peu fendues, la Bar-be trop plate, ou au contraire trop élevée ; & enfin celle d'un Cheval qui s'arme.

Une Bouche trop sensible ne peut soutenir l'appui du mors, & s'offense du moindre mouvement de la main. La Tête du Cheval est toujours en désordre, & il bat à la main. Ces coups de Tête viennent ordinairement de ce que les barres sont trop tranchantes, & la Barbe trop sensible ; ou de ce qu'il aura la Bouche blessée, soit par une embouchure mal ordonnée, & le plus souvent par une mauvaise main. Quelques-uns donnent à ces sortes de Bouches un canon à trompe, lequel n'étant point brisé, disent-ils, & portant également, endort la partie ; mais un simple canon, qui ne joue pas trop dans la Bouche, & qui soit gros près des Fonceaux, avec peu de montant, pour ne pas chatouiller le Palais, convient mieux à ces sortes de Bouches. Il faut joindre à cette embouchure une branche, dont la tournure soit aisée, point hardie, & un peu longue pour soulager la barre & l'appui du mors; avec l'Œil un peu bas & un peu renversé & recourbé en arriere; ce qui diminue l'effet de la Gourmette; car plus l'Œil est haut, plus la Gourmette fait d'effet.

On appelle *Bouche-forte*, celle d'un Cheval qui tire à la main, en portant le Nés en avant, soit par l'épaisseur de la Langue, des Lévres & des Gencives, qui couvrent les barres & empêchent l'effet du mors, ou de ce que les barres sont róndes & basses; ou la Ganache trop serrée. Il faut donner à ces sortes de Bouches, un mors, qui ne soit pas trop gros, & qui n'ait pàs trop de fer près des Fonceaux, avec une liberté de Langue, afin qu'elle puiſſe ſe loger dans l'eſpace vuide que forme cette liberté. Les mors à liberté de Langue ont encore cet avantage, qui eſt d'empêcher la Langue de paſſer par-deſſus le mors. A l'égard de la branche, elle doit être un peu hardie, afin de le ramener plus facilement ; mais pas trop ; car le trop de ſujetion fait qu'un Cheval tire encore davantage à la main. Il y a des Chevaux qui tirent à la main par trop de fougue & manque d'haleine, il faut apaiſer ceux-ci par de bonnes leçons, & leur donner un mors convenable à la ſtructure de leur Bouche.

Les Chevaux qui ont les Lévres épaiſſes, charnues, rondes & baſſes, la Langue groſſe, l'Encolure épaiſſe & mal-faite, la

Ganache quarrée, péfent ordinairement à la main. Ce défaut vient fouvent auffi de foibleffe naturelle, & quelquefois d'ignorance & de pareffe. On donne à ces Chevaux le même mors qu'à ceux qui tirent à la main, avec peu de fer, & une liberté proportionnée à la groffeur de la Langue; la Branche un peu plus hardie & courte, & l'Œil haut; avec une Gourmette qui ne foit pas fi groffe qu'à l'ordinaire, parce que ces fortes de Chevaux ont pour la plûpart la Barbe épaiffe. Pour ceux qui tirent à la main par ignorance, il faut avoir recours à l'Art.

A l'égard de ceux qui ont la Bouche trop ou trop peu fendue, il eft aifé d'y remédier, en leur mettant plus ou moins de fer dans la bouche. Il faut encore avoir attention que l'Œil du Banquet foit plus bas aux Bouches trop fendues, afin que la Gourmette ne furmonte pas; & plus haut à une Bouche, petite afin que la Gourmette ne defcende pas trop. Il y a des Chevaux dont l'Encolure eft faite de façon, que le mors leur fait peu ou point d'effet, ce qu'on appelle *s'armer*. Les uns s'arment en courbant l'Encolure, baiffant le Front, & appuyant la branche contre la Poitrine, pour ôter l'effet de la Bride; ce font ceux dont l'Encolure eft trop longue, éfilée, & le Col trop fouple. Les autres s'arment en appuyant la branche contre le Gofier, & par ce moyen empêchent le mors d'agir; ce font ceux qui ont l'Encolure renverfé, en forme de col de Cerf, avec le Gofier tendu & la Ganache ferrée.

On donne à ces sortes de Chevaux un mors très - doux, avec
l'œil bas, & une branche courte, telle qu'est celle du mors à la
Housarde, dont nous venons de
parler.

On se sert présentement de
Gourmettes grosses & rondes; elles estropient moins la Barbe que
les petites Gourmettes. On pro-
portionne cependant la grosseur
de la Gourmette à la forme de la
Barbe. Lorsque la Barbe est maigre, élevée & tranchante, ce qui
rend cette partie très-sensible, il
faut une Gourmette plus grosse;
& lorsqu'elle est charnue & garnie de poil, il faut une plus petite Gourmette, afin de réveiller
le sentiment dans cette partie. L'S,
& le crochet doivent accompagner la rondeur de la Lévre, &
descendre jusqu'au coude de la
branche.

branche, sans pincer la Lévre.
Il faut placer une Gourmette sur
son plat, & pour cela on fait paroître à l'extérieur, en la mettant,
le seul côté dont les Mailles ne
font point fendues.

Il ne faut pas s'imaginer, qu'en
suivant exactement les régles
qu'on vient de prescrire, pour
bien emboucher un Cheval, cela
suffise pour lui rendre la Bouche
bonne. La meilleure de toutes les
Brides devient inutile, dans la
main d'un Cavalier, qui ne sçait
pas l'Art de s'en servir. Nous par-
lerons des effets de la main dans
son lieu.

De la Ferrure.

POUR sçavoir ordonner la Ferrure, il faut connoître les instrumens dont se servent les Maré-

chaux, les noms des parties du Fer, & leur différence par rapport aux bons & aux mauvais Pieds.

BROCHOIR, est le marteau dont se servent les Maréchaux, pour attacher les clous au Pied d'un Cheval; ainsi *brocher*, c'est attacher un clou.

BOUTOIR, est un instrument d'Acier, tranchant, avec lequel on pare le Pied; ainsi *parer*, c'est couper la corne avec le Boutoir.

TRIQUOISE, est une tenaille, qui sert à couper les clous, avant de les river. Cet instrument sert aussi à ôter le fer du Pied.

ROGNE-PIED, est un morceau d'Acier, tranchant d'un côté avec un dos de l'autre, qui sert à couper la corne, qui passe au-delà du fer, lorsqu'il est broché; & à couper, avant que de river les clous, le peu de corne qu'ils ont fait éclater en la perçant.

RAPE, est une espéce de lime, longue, environ d'un pied, garnie d'un manche de bois. Elle sert à unir la corne du Pied & les rivets, quand le Cheval est ferré.

REPOUSSOIR, est une espéce de gros clou, pour chasser & faire sortir les clous du Pied, lorsqu'on veut déferrer un Cheval.

LE FER d'un Cheval, est une piece de Fer plate, tournée en rond dans sa partie de-devant, qu'on appelle *la Pince*, avec deux côtés, qu'on appelle *les Branches*: les extrémités des branches du Fer s'appellent *les Eponges*. Il y a des Fers qui ont les éponges retournées en-dessous, ce qu'on appelle *Crampons*.

Les Fers des Pieds de-devant sont différens de ceux de derriere,

en ce que les premiers font percés à la pince , & non auprès du
talon ; & ceux de derriere le font
au talon & non à la pince. Cette différence vient de ce que les
Pieds de-devant ont plus de corne
à la pince qu'au talon ; & ceux
de derriere en ont plus au talon
qu'à la pince.

On appelle *Percer* ou *Etamper
maigre*, lorfque les trous du Fer
font percés près du bord du Fer
en dehors : & percer ou étamper
gras , lorfque les trous du Fer
font percés près du bord de dedans.

Il y a quatre fortes de Fers en
ufage. Le Fer ordinaire, qui eft
également plat partout , & accompagne la rondeur d'un Pied
bien fait. Le *Fer à pantoufle* eft
celui, dont le dedans de l'éponge près du talon, eft beaucoup

plus épais que le dehors, enforte qu'il va en talus contre la corne. Le *Fer à demi-pantoufle*, a l'éponge un peu tournée en talus du côté de-dehors, & pas fi épaiffe du côté de dedans que le Fer à pantoufle. Le *Fer à lunette*, eft celui dont les éponges font coupées jufqu'au premier trou.

Pour bien ferrer un Cheval, il faut obferver les régles fuivantes :

1°. Il faut brocher les clous à la pince des Pieds de-devant, parce qu'il y a plus de corne; & non au Talon, parce que cette partie eft plus foible, y ayant moins de corne. C'eft le contraire aux Pieds de derriere, il faut brocher au Talon & non à la pince; parce que la pince de ceux-ci eft plus foible, & qu'il y a plus de corne au Talon.

2°. Il ne faut jamais ouvrir les Talons ; ce qui arrive lorsqu'on coupe & creuse trop le dedans du Pied, du côté des Talons, en le parant : cela fait serrer & étrécir les Talons, & rend le Pied encastelé.

3°. Il faut employer les clous les plus déliés de lame, suivant la forme du Pied & du Fer ; parce que les clous trop épais font éclater la corne, soit en brochant, soit en rivant, & peuvent enclouer les Pieds où il y a peu de corne.

4°. On doit se servir des Fers les plus legers, suivant le pied & la taille du Cheval. Les Fers trop pesans foulent les Nerfs, fatiguent le Cheval, & font sujets à se détacher.

5°. Il faut que le Fer accompagne la rondeur du Pied, jus-

qu'auprès du Talon; afin que le
Cheval marche plus à son aise,
& que les éponges ne débordent
guéres au Talon; ce qui empêche le Cheval de forger, & de se
defferrer. On appelle *forger*, lorfqu'un Cheval en marchant, s'at-
trappe l'éponge des Fers de-devant, avec la pince des Fers de
derriere.

6°. Le Fer doit porter également-
ment, sur la corne & non sur la
Sole; car s'il portoit sur la Sole,
qui est une corne plus tendre, il
feroit boiter le Cheval. C'est aussi
pour cette raison, qu'il ne faut
pas qu'il soit bordé par dedans,
mais également plat; ni étampé
ou percé trop gras.

7°. Il faut que les clous soient
brochés également en rond; parce
que s'il s'en trouvoit quelqu'un
de plus élevé que les autres, il

pourroit enclouer le Cheval, ou ferrer le Petit-pied.

8º. On doit river les clous avec foin, lorfqu'ils font brochés; afin que le Cheval ne fe coupe pas en marchant, comme il arrive fouvent aux Chevaux vieux ferrés; aufquels les clous s'enfoncent dans le Fer, ce qui fait fortir les rivets.

9º. Quand le Cheval eft ferré, il faut rogner ce qui déborde du Pied, enfuite le raper tout au tour, afin de l'unir & de lui donner une forme ronde & égale; & auffi d'émouffer les pointes des rivets qui pourroient déborder.

Lorfqu'un Cheval a la corne dure & féche; il faut avoir foin de lui tenir quelque tems les Pieds de-devant dans la fiente mouillée, afin qu'ils foient plus aifés à parer. La plûpart des Maréchaux brûlent le Pied avec un fer chaud, afin d'attendrir la corne. Cette méthode eft pernicieufe, cela defféche & affame le Pied. Aux Chevaux de Caroffe on eft quelquefois obligé de mettre un pinçon à la pince du Fer, lequel entre en fé recourbant dans la pince du Pied, pour entretenir le Fer droit. Alors il faut chauffer ce pinçon, pour qu'il puiffe plus facilement s'enfoncer dans la corne de la pince du Pied ; mais le refte du Fer doit être froid.

Les régles ci-deffus s'obfervent pour les Chevaux qui ont bon Pied : Examinons préfentement ceux qui les ont défectueux.

Il y a des Chevaux qui ont le Talon bas & la Fourchette graffe, aufquels il faut mettre des crampons, pour empécher la Fourchette & le Talon de porter à

terre. Ceux qui ont le Talon
bas & ferré, il faut leur donner
un Fer à pantoufle, pour élargir le Talon, & faire rogner un
peu de la pince à chaque ferrure.

Ceux qui ont les Pieds plats,
c'est-à-dire, dont les quartiers
s'élargissent trop en-dehors, il
faut que les branches du Fer
soient plus droites que la forme
du Pied, de même que la pince;
percer le Fer maigre, & couper
avec le rogne-pied ce qui déborde à chaque Ferrure.

Les Pieds combles, qui ont la
sole plus haute que la corne, ont
ordinairement les Talons ferrés.
Il faut leur donner des Fers à
pantoufle, avec des éponges étroi-
tes, afin d'obliger la nourriture,
qui pousse trop à la Sole & à la
Pince, de passer au Talon. Les

Fers voutés ne valent rien pour ces sortes de Pieds, le Cheval ne peut marcher sûrement, n'appuyant que sur le milieu du Fer. Lorsque la Sole ne surmonte que dans un endroit, ce qu'on appelle *Ognon*, il faut alors nécessairement vouter le Fer dans cet endroit.

Les Chevaux élevés dans des terrains gras & marécageux sont sujets à avoir les Pieds plats & la Fourchette grasse. Ceux qui sont de légere taille & élevés dans les pays secs, sont sujets à l'Encastelure. Ce dernier défaut fait que les Talons se serrent & s'étrécissent, le Pied prend une forme longue ; & comme ils marchent plus sur la Pince que sur le Talon, le Nerf se racourcit, & leur rend avec le tems les Jambes arquées. La Ferrure qui convient aux Pieds encaftelés, c'eft après leur avoir paré la Fourchette platte, & abatu le Talon, fans creufer dans les quartiers, de leur donner un Fer à pantoufle, pour élargir les Talons.

Lorfqu'on s'apperçoit qu'un Talon commence à fe ferrer, il faut ferrer à demi-pantoufle, lui parer la Fourchette plate, ne point creufer dans les quartiers, & racourcir le Pied à la pince, de même qu'à celui qui eft tout-à-fait encaftelé, & percer le Fer maigre en pince.

Aux Chevaux qui font droits fur Jambes; à ceux qui ont les Jambes arquées, & qui font rampins; il faut leur abatre les Talons fort bas fans creufer les quartiers, pour ne point affoiblir le Pied; il faut auffi que le Fer déborde un peu en pince, & qu'il foit plus épais en cet endroit. Cette maniere de ferrer oblige le Boulet de fe baiffer, & contraint le Nerf de s'étendre.

Il y a des Chevaux qui bronchent en marchant, & d'autres qui fe coupent; ce qui arrive ordinairement à ceux qui font foibles de Reins & de Jambes. Ces défauts ne fe raccommodent guéres par la Ferrure. A ceux qui bronchent on leur abat la pince du Pied, & on racourcit le Fer en pince, afin qu'ils ne rencontrent pas fi facilement les pierres : & à ceux qui fe coupent on leur abat le quartier de déhors, on ferre l'éponge de dedans, & on la coupe courte au niveau du Talon. On obferve la même manœuvre aux Pieds de derriere, & l'on met un petit crampon en-dedans, fans qu'il déborde, afin

que le Cheval marche plus ouvert & plus à son aise.

Les crampons font marcher un
Cheval plus ferme & plus assûré
sur ses Jambes, surtout dans un
terrain glissant, sur le pavé & sur
la glace; mais comme ils racour-
cissent nécessairement le Nerf avec
le tems, & qu'ils rendent les Chevaux droits sur Jambes & rampins, on ne doit s'en servir que
dans la grande nécessité.

De la Selle.

La Selle est composée de deux
Arçons, qui font deux piéces de
bois de Hêtre tournées en rond.
L'Arçon de-devant est composé
d'un Garot ou Arcade, qui est
placé au-dessus du Garot du Cheval. Les *Mammelles* forment le
milieu de l'Arçon, & les pointes

des Arçons font les extrémités de chaque Arçon. Les *Liéges* font des morceaux de bois plats, & élevés au-deſſus de chaque Arçon de devant, ſur leſquels on chauſſe les Bâtes.

L'Arçon de derriere a une tournure plus large & plus ronde ; & dans ſa partie ſupérieure il y a une piéce de bois élevée, qui accompagne la rondeur du haut de l'Arçon, qu'on appelle *Trouſſe-quin*, lequel ſert à aſſurer les Bâtes.

On cole des nerfs de Bœuf, battus & réduits en filaſſe tout au tour des Arçons. Lorſqu'ils ſont nervés & ſecs, on cloue en-dedans de chaque Arçon, juſqu'aux pointes, une bande de fer de tole, avec une autre petite bande derriere le pommeau, pour tenir & aſſembler les deux Liéges; & deux autres bandes à l'Arçon de derriere pour tenir le Trouſſequin : on entoure enſuite les Arçons d'une toile neuve, trempée dans de la cole d'Angleterre.

Les BANDES ſont deux piéces de bois plates & larges d'environ trois doigts, clouées & attachées à chaque côté des Arçons, pour tenir & arrêter l'Arçon de devant avec celui de derriere. Elles doivent porter également le long du Dos, au-deſſous de l'Epine, & être tournées de façon qu'elles empêchent l'Arçon de devant de porter ſur le Garot, & celui de derriere ſur les Rognons. Les bandes de fer ne valent rien, elles ſe plient & bleſſent le Cheval.

Les BATES ſont les parties élevées au-deſſus de chaque Arçon. Elles

Elles servent à tenir le Cavalier plus ferme dans la Selle.

Les PANNEAUX sont deux Coussinets de toile remplis de bourre, attachés au-dessous de la Selle, pour la tenir un peu élevée au-dessus du Corps du Cheval ; afin que les Arçons & les bandes ne touchent pas sur le Garot, sur les Rognons ou sur les Côtes.

Le SIEGE est l'endroit du haut de la Selle où le Cavalier est assis.

Les QUARTIERS sont deux piéces de cuir, placées aux deux côtés de la Selle, pour empêcher la genouillere de la Botte de porter contre le Ventre du Cheval.

Les CONTRE-SANGLOTS sont de petites courroyes de cuir de Hongrie, clouées & attachées aux Arçons de-devant & de derriere, qui servent à attacher les Sangles.

H

On se sert communément de quatre sortes de Selles. De la Selle à piquer pour le Manége, qui différe des autres, en ce que les Bâtes de devant & de derriere sont plus élevées au - deffus des Arçons, pour tenir le Cavalier plus ferme. De la Selle à la Royale, qui est la plus en usage pour la Guerre & pour le Voyage : elle a les Bâtes moins élevées que la Selle à piquer. La Selle Rafe n'a des Bâtes que devant & peu elevées. La Selle Angloise n'a point de Bâtes, & est par consé- quent la plus légere. On se sert ordinairement de ces deux der- nieres Selles pour la Chasse. Il faut remarquer que la Selle Ra- fe & la Selle Angloise n'ont point de pommeau, on l'a même ôté depuis quelque tems aux Selles à la Royale, à cause des accidens qui en arrivoient lorfqu'un Cheval fe renverfoit, & que le pommeau donnoit dans le ventre du Cavalier. On le conferve encore aux Selles à Piquer pour y attacher les Etrivières.

Il faut qu'une Selle foit jufte au Cheval & placée au milieu du Corps ; qu'elle porte également partout ; que les Arçons prennent le même tour que les Côtes ; & qu'elle ne preffe pas plus dans un endroit que dans l'autre, ce qui blefferoit le Cheval dans cet endroit. Il faut que les panneaux foient également rembourés, de bourre de crin ou de poil de Cerf, qui s'endurciffent moins à la fueur que celle de Bœuf. Que la toile des panneaux foit fine ; la groffe toile prend trop de fueur & s'endurcit bientôt.

Afin qu'une Selle foit comme

de au Cavalier, il faut qu'elle
foit près du Cheval; que le fiége ne
foit pas trop élevé, mais également
ment devant comme derriere; que
les bandes foïent moins larges &
plus près l'une de l'autre au haut
de l'Arçon de devant qu'à célui
de derriere.

A l'égard des appartenances de
la Selle, le Poitrail ne doit pas
defcendre plus bas que la jointure du devant de l'Epaule, ce
qui en empêcheroit le libre mouvement de cette partie. Les Sangles doivent être fortes & larges,
avec des boucles à l'Angloife,
dont les pointes des ardillons font
recourbées; ce qui né déchire pas
la Botte. La croupiere doit être
attachée au derriere de la Selle
avec une boucle fans ardillon; il
y a une autre boucle au milieu de
la Croupiere pour l'alonger & la

racourcir. Le Culeron doit être
plus gros que petit, afin de ne
pas écorcher le Cheval fous la
Queue. Les Etrivieres doivent
être de bon cuir ; & les Etriers
larges avec une grille deſſous.

CHAPITRE VII.

De la Nourriture du Cheval, de la maniere de le panser, & de le conduire en Voyage.

De la Nourriture du Cheval.

LA quantité de Nourriture doit être proportionnée à la taille du Cheval, à son tempérament, & au travail qu'il fait. Le Foin, la Paille, & l'Avoine sont les alimens dont on se sert ordinairement pour nourrir les Chevaux. Les Féveroles que l'on mêle avec l'Avoine sont bonnes l'Hyver, elles engraissent & donnent un bon poil. Le Son nourrit & rafraîchit, mais la graisse qui en

provient n'eſt pas ferme. Le mé-
lange, qui eſt moitié Son & moitié Avoine n'eſt pas une nourriture bonne pour les Chevaux qui
travaillent.

La quantité de Foin, qui eſt
bonne pour les jeunes Chevaux
& pour les Chevaux maigres,
pourvû qu'ils n'ayent pas le Flanc
altéré, ne vaut rien pour ceux
qui ſont grands mangeurs, &
qui ont trop de Ventre, on ne
leur en doit donner qu'une poignée avant que de boire. A un
Cheval de Selle, qui eſt en bon
état, on lui donne ordinairement
ſept à huit livres de Foin par
jour : trois meſures ou trois pi-
cotins d'Avoine, qui ſont les trois
quarts d'un boiſſeau de Paris, &
une botte de Paille de Froment.
Il faut donner une plus forte
nourriture aux Chevaux de Ca-

roſſe, qui ſont ordinairement d'u-
ne plus grande ſtature, & qui
travaillent beaucoup; mais toujours proportionnée à leur tempérament & au travail qu'ils ſont.

C'eſt la coutume au Printems
de donner un verd d'Orge aux
Chevaux qui ſont maigres & fatigués, afin de les remettre en bon
état. De peur que le verd n'engendre des vers dans le Corps,
il faut une fois le jour donner
une meſure de Son ſec au Cheval, & y mêler une demie once
de Crocus ou foye d'Antimoine.
On met auſſi les Chevaux maigres
à l'Herbe, qui eſt bien meilleure
que le verd d'Orge; la roſée qui
eſt deſſus les purge, & leur rétablit
les Jambes; on les y laiſſe ordinairement un mois ou ſix ſemaines jour & nuit, ſans autre nourriture.

Le

Le verd ni l'herbe ne valent rien pour les vieux Chevaux, ni pour ceux qui ont le Flanc altéré, ou d'autres maladies qui viennent d'obſtruction. Il faut avoir attention de ſaigner un Cheval avant de le mettre au verd ou à l'herbe, & auſſi lorſqu'on l'en retire.

Maniere de panſer un Cheval.

L'EXPERIENCE fait voir qu'un Cheval bien panſé s'entretient plus gras avec moins de nourriture que celui à qui on en donne abondamment, & qui eſt mal panſé. L'Etrille & la Broſſe débouchent les pores, facilitent la tranſpiration, & empêchent qu'il ne ſe forme une craſſe ſur le cuir, qui y cauſe des démangeaiſons, ſouvent la gale, & fait maigrir le Cheval.

I

La premiere chofe qu'un Pal-
frenier doit faire en fe levant ;
c'eft de bien nétoyer la mangeoire,
enfuite donner l'Avoine , lever
la litiere avec une fourche de
bois , féparer la paille nette d'a-
vec la fale , & balayer l'Ecurie.

Après que le Cheval a man-
gé fon ordinaire , il faut l'étriller
légerement , jufqu'à ce que l'E-
trille n'amene plus de craffe ; enfuite avec l'Epouffette , qui eft
un morceau de toile de Serge, on
lui époufte le Corps , puis on fe
fert de la Broffe, dont on tire la
craffe avec l'Etrille à chaque coup
de Broffe. Il faut broffer la Criniere & le Toupet deffus & def-
fous , & faire entrer la Broffe
dans les crins. Le Cheval étant
bien broffé , il faut avec l'Epouffette lui frotter la Tête , autour
des Oreilles , le dedans des Jam-

bes de devant, & l'entre-deux
des Cuisses. Lorsqu'il est ainsi étril-
lé, brossé & épousté, on lui dé-
mêle les Crins & la Queue avec
un peigne, dont les dents ne soient
point cassées, & où l'on a mis un
peu d'huile, pour le rendre plus
coulant. On mouille aussi la ra-
cine des Crins & de la Queue avec
une éponge en le peignant : il faut
de même tremper la Queue dans un
sceau d'eau jusqu'au tronçon, &
frotter la Queue avec les deux
mains pour en ôter la crasse. Enfin avec une Epoussette séche on
essuie la Queue, la Croupe,
les Fesses, les Crins, l'Encolure & la Tête, afin d'unir le poil ;
& on le tient couvert à l'Ecurie
pendant le jour, pour lui conserver la chaleur naturelle, & entretenir le poil uni & luisant.

Maniere de gouverner un Cheval en Voyage.

AVANT que d'entreprendre un voyage il faut voir s'il ne manque rien à la Selle, à la Bride, & si le Cheval est bien ferré & à son aise. On ne doit pas faire beaucoup de chemin les premiers jours, ni lui donner trop à manger ; mais lorsqu'il est en haleine, on fait de plus grandes journées & l'on augmente sa nourriture. Avant que d'arriver à l'Hôtellerie il faut marcher plus doucement, afin qu'il ne soit pas échauffé en arrivant. Lorsqu'on est descendu de Cheval, il faut le desseller d'abord, & le débrider, le mettre au mastigadour, ou à son défaut, le laisser bridé, & lui passer la Gourmette dans la bouche, ce qui fait

l'effet du Mastigadour. On le frotte ensuite partout le Corps avec
un bouchon de paille ; on lui la-
ve les Jambes jusqu'au-dessus des
Genoux & des Jarrets, prenant
garde de ne pas toucher au Ventre. Cette méthode de laver les
Jambes avec de l'eau froide, même quand le Cheval a chaud, est
bien meilleure que celle de les
lui bouchonner ; car l'expérience
fait voir qu'en les frottant, les
humeurs émues par le travail,
tombent & se fixent sur les Jambes, & les rendent roides : l'eau
froide au contraire empêche la
chûte de ces humeurs, & conserve les Jambes saines. Il faut aussi
lui laver les Yeux, le dedans des
Nazeaux, le tour de la Bouche
avec une éponge trempée dans
de l'eau nette ; & de la même
éponge lui laver le Fondement,

I iij

en levant la Queue. Cette pro-
preté eſt eſſentielle pour ôter la
pouſſiere ou l'ordure qui s'attachent à ces parties. On eſſuie enſuite avec une Epouſſette ou autre linge, la Tête, entre les Oreilles, entre les Jambes de devant,
& entre les Cuiſſes.

Il faut jetter de la paille fraîche ſous le Ventre pour l'exciter
à uriner; ce qui délaſſe un Cheval. S'il a bien chaud il faut lui
en étendre ſur le Corps, & mettre la couverture par-deſſus afin
de le faire ſécher plus vîte. Il faut
encore avec un Cure-pied ou autre ferrement ôter la terre qui eſt
dans le Pied, qui fait ſécher la
ſole quand elle y ſéjourne.

Une autre attention, c'eſt de
laver la Bride après l'avoir dé-
bridé, & l'eſſuyer, ce qui la conſerve propre. Il faut auſſi voir ſi

les panneaux de la Selle ne font
point pleins de fueur ; alors on
les fait fécher au Soleil ou au
feu, on les bat enfuite avec une
baguette ; ce qui empêche la Selle
de fouler le Cheval. On doit attendre que le Cheval foit tout-à-
fait fec avant que de lui donner
à boire ; on lui donne auffi un peu
de foin auparavant.

Lorfqu'on conduit un Equipage de plufieurs Chevaux, on peut
faire fix à fept lieues , plus ou
moins, tout d'une traite, fans
débrider ; parce que les Chevaux
ont le tems de fe repofer jufqu'au
lendemain. On fait auffi des fé-
jours tous les quatre à cinq jours
pour repofer l'Equipage.

Lorfqu'on eft de retour, il faut
defferrer les Talons , en ôtant
deux clous à chaque Pied, on
met les Pieds de devant dans la
I iiij

fiente mouillée pendant un ou deux jours, & l'on fait enfuite parer les Pieds.

Il arrive fouvent que les Jambes d'un Chèval enflent après une longue fatigue; il faut pour les dégorger, lorfqu'on a la commodité d'une riviere, le mener à l'eau matin & foir, & l'y laiffer une demie heure à chaque fois, jufqu'aux Genoux & aux Jarrets: rien ne raccommode mieux les Jambes des Chevaux. Au défaut d'une riviere, il faut quatre ou cinq fois le jour lui laver les Jambes avec de l'eau de Puits ou de Fontaine.

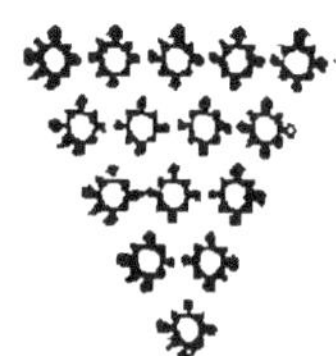

CHAPITRE VIII.

Du Haras.

CE qu'il y a d'essentiel à examiner pour l'établissement
d'un Haras, c'est :

1º. L'exposion du terrain & la
qualité des pâturages.

2º. Le choix des Etalons & des
Cavales.

3º. Les régles qu'on doit observer dans la conduite d'un Haras.

4º. Et enfin la maniere d'éle-
ver les Poulains jusqu'à ce qu'ils
soient en état de rendre service.

Du terrain propre pour un Haras.

L'EXPERIENCE fait voir qu'un Haras établi dans un terrain fec, dur & ftérile en apparence, produit des Chevaux fains, légers, fermes & vigoureux, avec la Jambe féche & nerveufe, & la corne dure ; ils s'entretiennent de peu, toutes qualités recherchées des Connoiffeurs. Au contraire ceux qui font élevés dans des pâturages gras & humides, ont pour la plûpart la Tête groffe de chair & d'offemens, l'Encolure charnue, le Corps épais, les Jarrets gras, les Sabots gros, les Pieds plats & pefans, ils dépériffent au moindre travail, il leur faut une nourriture graffe & abondante ; ils font d'un tempéra-

ment humide, & par conséquent
sujets aux fluxions, surtout aux
Jambes, qui font comme l'égoût
de toutes les humeurs.

Ce n'eft pas à dire pour cela
qu'on ne puiffe abfolument tirer
de bons Chevaux que des pays
où le climat & les alimens font
chauds, puifque depuis long-tems
il fort des Haras de l'Empereur,
de Pruffe, de Dannemarc & de
plufieurs Princes d'Allemagne,
des Chevaux qui par leur beauté
& leur courage font fouvent au-
deffus des Etalons dont ils fortent. Le même avantage s'eft
quelquefois trouvé dans quelques
cantons de la Normandie & du
Limoufin, quand les Haras n'y
étoient pas négligés.

Il doit réfulter de toutes ces
circonftances, qu'il faut tâcher de
remplacer par l'Art ce qui man-

que à la Nature du pays. On choisit pour cela un terrain un peu élevé, composé de quelques hauteurs & petites colines, dont la terre ne soit ni grasse ni forte. Ce terrain ne doit pas être absolument aride : il faut qu'il soit capable de produire une herbe douce, tendre & odoriférante, ce qu'on éprouve en y semant de la graine qui renferme ces qualités ; il faut aussi pour cela qu'il soit exposé au Midi ou à l'Orient.

Comme il se trouve dans plusieurs Provinces de France des terrains & des expositions telles que nous venons de dire, on peut conclure que ce n'est que par la négligence, le manque d'attention & le mauvais choix qu'on a fait des Etalons, que nous sommes privés de l'avantage d'avoir des Chevaux tels qu'on le défireroit, foit pour la Selle ou pour les beaux Atelages. Heureufement les foins qu'on prend préfentement pour remédier à ces inconvéniens, donnent lieu d'efpérer, que dans peu d'années les Amateurs de la Cavalerie feront entiérement fatisfaits.

Du choix de l'Etalon & de la Cavale.

LES Etalons qui viennent des Pays chauds ont été de tout tems regardés comme les meilleurs pour en tirer race : tels font les Chevaux Turcs, Arabes, Barbes & Efpagnols ; & lorfqu'ils font bien choifis ; les Chevaux qui en proviennent, peuvent produire auffi d'excellens Etalons. Un beau Cheval Anglois, Danois ou Allemand, s'il eft de bonne race &

bien choisi réussit fort bien dans
un Haras, parce que la Noblesse
de ces Pays est fort curieuse, &
n'épargne rien pour avoir des
Etalons parfaits. Il est cependant
plus avantageux d'en avoir du
Pays propre d'où ils sortent : ils
forment presque toujours des Chevaux d'une structure plus noble
& plus fiére, ils résistent mieux
à la fatigue, & vivent plus long-
tems que les Chevaux qui sont
sortis d'Etalons du côté du Nord.

Un Etalon Barbe fait ordinairement plus grand que lui, surtout en France ; mais il ne faut
pas qu'il soit haut sur Jambes ni
trop long-jointé ; il faut au contraire qu'il ait le Pâturon un peu
court, mais gros à proportion de
sa Jambe & fléxible. On dit que
les Etalons d'Espagne ne réussis-
sent pas si bien, parce qu'ils sont

plus petits qu'eux, & qu'une Jument n'en retient pas si bien que d'un Barbe. Lorsqu'on veut tirer race d'un Cheval d'Espagne, il faut le choisir fort de Corps, d'Epaules & de Jambes, & d'une taille avantageuse ; car les Poulains qui proviennent dégénérent toujours de ce côté-là.

Un Etalon pour être beau, doit être grand, rélevé du devant, sain par tout le Corps, jeune & sans défauts : n'avoir point la vûe altérée, les Reins bas, les Jarrets, les Jambes, ni les Pieds defectueux ; surtout qu'il ne soit point serré du derriere, ni étroit du devant, mais bien ouvert entre les Bras & les Jarrets.

Il ne suffit pas seulement pour le choix d'un Etalon, qu'il soit d'une magnifique figure, & qu'il n'ait aucun des défauts extérieurs qu'on a décrits ci - devant : une chofe auffi effentielle , & à laquelle bien des gens ne font pas d'attention , ce font les qualités intérieures, qu'il faut rechercher, outre la figure, & qui ne font que trop fouvent négligées. C'eft précifément ce manque d'attention & de connoiffance, qui multiplie les belles Roffes , dont le prix ne devient confidérable que par l'ignorance de ceux qui s'en entêtent, parce que les Faux - Connoiffeurs s'imaginent que la bonté eft inféparable de la beauté. Il y en a qui tombent dans une autre erreur non moins dangereufe, qui eft, qu'après s'être fervi long-tems d'un Cheval entier ; lorfqu'il commence à s'ufer ils le confinent dans un Haras , comme s'il fuffifoit qu'un Cheval eût

été

été bon dans sa jeunesse pour qu'il produise de bons Chevaux dans un âge trop avancé. Un Cheval hors d'âge, usé, ou qui a fait de grands efforts, ne peut plus engendrer des Poulains sains, nerveux & vigoureux.

Les qualités essentielles dans un Etalon, à l'approche d'une Jument, sont l'activité & la légereté, car s'il est froid & mol, il ne fera que des Poulains lâches & sans vigueur.

Quoique, contre l'avis de bien des Auteurs, on ne doive regarder la différence des poils, que comme un caprice & un jeu de la Nature, il est pourtant bon de choisir des Etalons qui soient d'une robe & d'un poil estimés des Curieux, non qu'ils soient meilleurs, mais uniquement pour donner une bonne teinture à un Haras.

K.

Les poils les plus en réputation font le Noir de jayet ; le beau Gris, le Bai chatain, le Bai doré, l'Alezan brûlé & l'Alezan vineux, l'Isabelle doré avec la raie de Mulet, les crins & les extrémités noires. Tous les poils qu'on appelle lavés & mal-teins, les extrémités blanches, ne font pas avec raison recherchés pour le Haras.

Suivant ce qu'on vient de dire pour le choix d'un Etalon ; l'unique moyen pour avoir de beaux, de bons & de courageux Chevaux, s'est d'acheter, sans ménager sur le prix, des Etalons, qui outre la figure, ayent encore toutes les qualités qu'un brave Cheval doit avoir ; sçavoir, la Bouche bonne & fidelle, les ressors des Hanches unis & lians, une souplesse d'Epaules qui les rendent libres & légers, autant qu'un Cheval peut l'être naturellement sans le secours de l'Art. Toutes ces qualités doivent encore être accompagnées d'une grande docilité, jointes pourtant à un naturel gaillard & vigoureux. Tout Cheval naturellement hargneux, malin, fougueux, ombrageux, retif, ramingue, dangereux de la Dent & du Pied, traître & ennemi de l'Homme, doit être absolument exclus du Haras, car tous ces défauts se communiquent & empestent la race.

Comme les qualités que nous venons de décrire pour former un Etalon, ne se trouvent pas dans la simple figure, on doit absolument monter celui qu'on veut acheter, pour juger de sa ressource & de sa vigueur, & pour sentir s'il ne péche point du côté de la Bouche, des Epaules, dés Hanches, des Jarrets, &c. & s'il n'a aucun vice intérieur.

On ne sçauroit non plus être trop sur ses gardes, pour éloigner d'un Haras, les Etalons qui ont des défauts héréditaires : ces défauts sont, au dire des Connoisseurs, la pousse, la morve, la courbature, les Jarrets gras, les courbes, les vessigons, les éparvins, les jardons, les formes, les Jambes arquées ; ceux d'être rampin, lunatique, colere, sujet aux vertiges, d'avoir le tic, les Yeux chargés, troubles & sujets aux fluxions ; ausquels on ajoûte, comme nous l'avons dit ci-dessus, les vices qui viennent de malice & de pure mauvaise volonté : tous lesquels défauts se communiquent ordinairement de génération en génération.

Lorſqu'on eſt curieux d'avoir des Chevaux de Caroſſe pour former de beaux Atelages, il faut choiſir un Etalon d'une plus grande ſtructure que pour la Selle, & l'aſſortir avec des Jumens de ſa taille. Ceux qui ſont les plus recherchés pour cet uſage, viennent des plus beaux Haras de Dannemarc & d'Allemagne ; mais ſi on les veut d'une belle tournure & ſans défauts, il ne faut avoir aucun égard au prix ; car ils ſont très-chers, même dans le pays.

Tout ce qu'on vient de dire du choix d'un Etalon, doit également s'entendre de celui d'une Cavale ; car ſi elle n'a les mêmes qualités, il eſt à craindre, malgré la perfection de l'Etalon, que les Poulains qu'elle produiroit, ne ſe reſſentiſſent de ſes propres défauts.

Les Jumens Angloifes & les Jumens Normandes font regardées
comme les meilleures , pourvú
qu'elles foient de bonne race ,
relevées du devant, bien four-
nies , épaiffes , grandes de Corps,
le Corfage pourtant médiocrement
long , le Cofre large ; c'eft-à-dire ,
la Côte ronde, ample , & le Flanc
plein.

Comme les Etalons Barbes ,
Efpagnols & autres des pays
Orientaux & Méridionaux , font
ordinairement très-fins , fi la Jument étoit de la même fineffe ,
les Poulains qui en proviendroient
feroient trop minces de Corps
& de Jambes. Elle ne doit pas
non plus être de beaucoup plus
haute que l'Etalon , parce que le
Poulain croîtroit trop en Jambes.

Il eft fi important d'avoir des

Jumens de bonne race, qu'on remarque qu'une Jument engendrée d'un mauvais Cheval, quoique belle d'elle-même, ne produit rien qui vaille, quand même le Poulain paroîtroit d'abord bien fait & beau; car en croiffant il décline : au lieu qu'une Jument qui fort de bonne race, quoique fon Poulain n'ait pas une belle apparence dans fa premiere jeuneffe, en croiffant il embellira autant que l'autre deviendra laid.

Comme l'expérience fait voir que les Poulains tiennent ordinairement de l'Etalon, il y a des gens qui ne s'attachent pas tant à la figure de la Jument, pourvû qu'elle foit bonne nourrice, c'eft-à-dire, qu'elle ait beaucoup de lait.

Lorfqu'une Jument étrangere

pêche par trop de fineſſe, & qu'elle a d'ailleurs des qualités, on lui donne un Etalon étoffé, qui ait de la Jambe. Si c'eſt une Jument du pays, qui ſoit épaiſſe, traverſée & bien fournie de Jambes, il faut lui donner un Cheval fin; c'eſt ainſi qu'en aſſortiſſant les différentes eſpéces de figures, on peut rencontrer la belle Nature.

Des Regles qu'on doit obſerver dans la conduite d'un Haras.

Les principales régles qui s'obſervent dans la conduite d'un Haras regardent la diſtribution du terrain; l'âge que doivent avoir les Etalons & les Jumens; la quantité de Jumens qu'un Etalon peut ſervir; le tems de la monte;

la

la maniere de faire couvrir ; le tems où la Jument met bas ; dans quel tems il faut févrer les Poulains ; & la maniere dont on les apprivoife pour les rendre dociles.

Diſtribution du Terrain.

IL faut qu'un Haras foit placé dans un grand Parc ou Enclos, dont le Terrain & l'expofition foient felon ce que nous avons dit ci-deſſus. Ce Parc doit être partagé en plufieurs Enclos, entourés de bonnes paliſſades, d'une hauteur fuffifante pour que les Jumens & les Poulains ne puiſſent les franchir.

Si la Nature n'a point produit dans le Terrain deftiné pour cet ufage quelque petite Riviere, Ruiſſeau ou Fontaine, ce qui feroit très-avantageux pour y

L

abreuver les Jumens & leur suite, il faut y faire quelques Abreuvoirs.

Il faut pratiquer dans ces différens Enclos des Ecuries de planches, dont l'entrée soit fort large, pour mettre les Jumens & les Poulains à couvert, dans un tems d'orage, & pour les garantir de la grande ardeur du Soleil.

Il doit aussi y avoir un homme vigilant, qui prenne garde, nuit & jour, à ce qui se passe, afin de remédier aux désordres qui peuvent arriver, & d'en donner avis au Chef du Haras; & cet homme est logé dans une cabane de planche.

En Hongrie, en Pologne, & en quelques autres endroits de l'Europe, les Haras ne sont point fermés. On y laisse les Poulains en plain air pendant une bonne

partie de l'année, sans les rassembler; ce qui les rend sauvages,
ennemis de l'homme, & par conséquent difficiles à domter. Ils
sont avec cela pour l'ordinaire
mal tournés & mal adroits, quoique sortis de bonne race. Il est
vrai qu'ils sont d'une plus grande
fatigue, & rendent plus de service que les autres.

L'âge que doivent avoir les Etalons & les Jumens.

Si l'Etalon est un Barbe, un
Espagnol ou autre des Pays chauds,
il faut qu'il ait sept ans faits avant
que de le faire couvrir. Si c'est
un Etalon Anglois, Danois, ou
Allemand, comme ceux de ces
Pays sont plutôt formés, on peut
le faire couvrir à six ans. Il y a
des gens qui très-mal-à-propos se

servent de Poulains de trois ou quatre ans pour cet ufage, parce qu'ils paroiffent avoir pris leur croiffance, mais c'eft un abus que l'avarice a introduit dans quelques Provinces d'où il fortoit autrefois d'excellens Chevaux; car il n'eft pas poffible que dans un âge fi tendre ils puiffent engendrer des Chevaux vigoureux, puifque n'ayant pas encore changé toutes leurs Dents, ni jetté entiérement la gourme, leur fang ne peut être purifié, ni leur tempérament affermi.

Lorfqu'un Etalon a été ménagé & n'a point fait d'efforts, il peut fervir dans un Haras jufqu'à vingt, & même vingt-cinq ans : il vaut pourtant mieux le réformer vers la feiziéme ou dix-huitiéme année ; car paffé cet âgelà, fes reffors n'ayant plus la même vigueur, ses forces & son brillant commencent à déchoir, & le Poulain doit se ressentir de cette foiblesse.

A l'égard d'une Jument, on peut la faire couvrir à l'âge de quatre à cinq ans ; car les Femelles dans toutes les espéces d'Animaux sont plus avancées que les Mâles : & il faut aussi par la même raison la retirer du Haras vers la quatorziéme ou quinziéme année.

La quantité de Jumens qu'un Etalon peut servir.

Un bon Etalon pourroit absolument fournir à une vingtaine de Jumens ; mais il ne faut pas se laisser tromper par l'ardeur qu'il fait paroître pour multiplier son espéce. Dans les Haras considérables, on n'a coûtume de donner à un Etalon que dix ou douze Jumens, parce que devant renouveller plufieurs fois l'accouplement à chacune, jufqu'à ce qu'on juge qu'elles foient pleines, un plus grand nombre pourroit l'épuifer, ou du moins produiroit des Poulains foibles & étiques. On préfente toujours à l'Etalon la Jument la plus difpofée à le fouffrir.

Il faut qu'un Etalon ait été préparé deux ou trois mois avant la monte. On doit pour cela le nourrir de bonne Avoine avec un peu de Féveroles mêlées dedans, furtout point de Foin, ou très-peu, mais beaucoup de paille de Froment; le tenir toujours en exercice, le mener deux fois le jour à l'Abreuvoir; le promener enfuite environ une heure fans l'échauffer. S'il reftoit toujours à l'Ecurie, il courroit rifque de devenir pouffif, ou tout au moins gros d'haleine.

Le tems de la Monte.

LA faifon pour faire couvrir une Jument, eft depuis la mi-Mars jufqu'à la fin de Mai, qui eft le tems où elles deviennent ordinairement en chaleur; & cette difpofition de Nature les rend capables de produire un fruit plus parfait. C'eft pour cette raifon que huit ou dix jours avant que de lui préfenter l'Etalon, on a coûtume de lui donner un peu de Chenevis, foir & matin, mêlé dans fon Avoine.

On remarque qu'une Jument ne refte pas plus de quinze jours ou trois femaines dans un degré

de chaleur convenable : & c'eſt
à quoi il faut être attentif pour
pouvoir profiter de ſon véritable
période ; ce qui donne plus ou
moins de vertu pour la génération. Il y a beaucoup de Jumens
qui reſtent en chaleur une bonne partie de l'année ; mais ce ſont
celles qui n'ont point été cou-
vertes.

La raiſon pour laquelle on fait
couvrir les Jumens au commencement du Printems , n'eſt pas
ſeulement parce qu'elles ſont plus
ordinairement en chaleur dans
cette Saiſon ; mais auſſi parce que
le Poulain aura par ce moyen ,
deux Etés contre un Hyver. Et
lorſqu'une Jument Pouline à l'ar-
riere-Saiſon , le Poulain qui en
vient eſt communément foible ,
parce que le défaut d'herbes fait
que la Jument ne fournit point

de lait assez abondamment : ce qui n'arrive pas lorsqu'elle met bas au Printems.

Il faut qu'une Jument soit en bon état lorsqu'on lui présente l'Etalon ; mais si elle étoit trop grasse, elle pourroit bien ne pas retenir. Elle doit avoir été nourrie au sec, de même que l'Etalon, parce que le verd étant une nourriture molle & froide, ayant moins de substance que le grain & le fourage sec, il seroit à craindre que cela ne causât quelque altération ou foiblesse dans le tempérament du Poulain. Elle doit aussi avoir été tenue en exercice, c'est-à-dire, montée ou employée à quelqu'usage dont le travail ne soit pas violent, afin qu'elle ne soit pas trop fougueuse aux approches de l'Etalon. Ils doivent être l'un & l'autre déferrés du derriere, de peur d'accident.

On donne à l'Etalon une nourriture plus forte pendant tout le
tems qu'il sert les Jumens : il est
bon même, entre l'ordinaire du
midi & celui du soir, de lui donner un peu de Froment, pour
l'échauffer & le rendre plus vigoureux. Mais s'il avoit coûtume de boire excessivement, il
faudroit l'en empêcher, parce que
la trop grande quantité d'eau
le rendroit flasque, & l'empêcheroit de bien digérer les alimens : d'ailleurs cet excès de boire pourroit le rendre poussif; parce que les Chevaux qui boivent
beaucoup mangent aussi excessivement.

Maniere de faire couvrir.

ON fait couvrir en main ou dans l'Enclos : la maniere la plus ordinaire & la plus sûre est de faire couvrir en main. Pour cela un homme adroit tient la Jument, & deux autres conduisent l'Etalon avec de bonnes longes attachées de chaque côté à un caveçon. On peut aussi attacher la Jument entre deux piliers.

Si-tôt que l'Etalon a fait sa fonction, il faut promener la Jument l'espace d'un quart d'heure, afin qu'elle retienne mieux. Quelques-uns dans cette vûe, lui font jetter un sceau d'eau fraîche sous la Queue pour l'empêcher d'uriner.

Il y a des Haras où on se sert d'un Etalon d'essai pour voir si la

Jument eſt en état. C'eſt pour l'ordinaire un Cheval de peu de con-
ſéquence ; & lorſque la Jument
eſt prête à le recevoir, on le retire, & on fait avancer le véritable Etalon, qu'on laiſſe un peu
de tems, à quelque diſtance, &
vis-à-vis de la Jument, afin qu'elle
le conſidére.

Ceux qui ne ſuivent pas la méthode de faire couvrir en main,
mettent dans un Enclos ſéparé,
dix ou douze Jumens, & y in-
troduiſent enſuite l'Etalon. On
l'y laiſſe quatre ou cinq ſemaines,
qui eſt à peu-près le tems qu'il
faut pour couvrir leſdites Jumens
à pluſieurs repriſes, après lequel
tems on le retire. Il faut le nourrir de bonne Avoine, & dans
l'intervalle de ſon ordinaire lui
donner une fois le jour une petite meſure de Froment mêlé avec

un peu de Féveróles, pour l'é-
chauffer & lui donner plus de
courage.

On reconnoît qu'une Jument a
retenu ou non , lorfqu'environ
trois femaines après avoir été cou-
verte, on lui préfente l'Etalon ,
qu'on tient éloigné d'elle environ
à quinze pas. Si elle vient à lui,
c'eft fouvent une preuve qu'elle
eft encore en amour , & qu'elle
pourroit bien n'être pas pleine. On
fait aufli l'expérience ordinaire ,
qui eft de lui verfer de l'eau froide dans les Oreilles , & fi elle fe
fecoue rudement, on peut conclure qu'elle n'eft pas pleine. A-
lors on la fait recouvrir par un
autre Etalon. Il y a des gens qui
mal-à-propos font feigner la Jument de la veine du Col, pofi-
tivement dans le tems que l'E-
talon fait fa fonction, préten-

dant que cette opération la fera concevoir indubitablement ; ce qui au rapport des habiles Médecins & Anatomistes est plus dangereux qu'utile pour la conception.

Une autre erreur qui n'est pas moins considérable, c'est de croire que si le tems est beau & serein dans le tems que la Jument conçoit ; le Poulain en sera plus beau ; qu'au contraire, s'il est pluvieux, venteux ou orageux, il sera défectueux & vicieux ; d'autres ajoûtent qu'il faut faire couvrir la Jument, depuis le quatre de la Lune jusqu'à son plein. Tous ces anciens préjugés sont absurdes & imaginaires.

On prétend qu'une Jument qui a avorté, produit dans la suite des Poulains de peu de valeur, qu'elle n'est par conséquent

plus propre dans un Haras. Il se
trouve aussi des Jumens qui sont
deux ou trois ans sans porter.
Elles sont absolument inutiles ;
car la dépense de l'entretien ex-
céderoit le prix qu'on retireroit
du Poulain qui en proviendroit ;
& il seroit à craindre qu'elle ne
fût encore autant de tems à en
donner un autre.

Lorsque le Ventre d'une Jument pleine commence à s'appe-
santir, il faut la séparer d'avec
celles qui ne le sont point, parce que celles-ci étant plus lége-
res & plus gaïes, pourroient en
ruant faire avorter celles qui sont
pleines.

Le tems où la Jument met bas.

UNE Cavale porte ordinairement onze mois & quelques jours,

quelquefois douze ; le terme n'eſt point fixé ; & c'eſt un abus que de compter les années d'une Cavale pour décider du jour qu'elle met bas.

Si la Jument a de la peine à jetter ſon Poulain , on lui fait prendre de la poudre cordiale , ou du Thériaque dans du Vin , pour l'aider & lui donner de la force. L'Huile d'Olive & la Fleur de Soufre ſont bonnes auſſi pour cela. D'autres verſent dans les Nazeaux du Vin bouilli avec du Fenouil & de l'Huile d'Olive , ce qui la faiſant ébrouer fortement , peut pouſſer le Poulain dehors ; quelquefois même , en lui ſerrant ſimplement les Nazeaux , l'effort qu'elle fait pour reprendre haleine , la pourra faire pouliner.

Lorſqu'il arrive qu'une Jument eſt prête à jetter ſon Poulain, dans le le tems qu'on met les autres à l'herbe, il ne faut pas l'y mettre qu'elle ne foit rétablie & fon Poulain fortifié. On doit la tenir quelque tems à l'Ecurie, lui donnant de bonnes nourritures pour la raffermir de fon travail, & pour mettre fon Poulain en état de la fuivre au pâturage.

Si le Poulain eft mort dans le Ventre de la mere; ce qui fe connoît, lorfque les derniers jours de fon terme, & même auparavant, en mettant le plat de la main fur le Flanc de la Jument, on ne fent plus remuer fon fruit; lequel accident arrive par chûte, coup de pied, ou effort extraordinaire; il faut alors pour conferver la Jument, prendre une pinte de lait de Jument, d'Aneffe, ou de Chévre; une pinte d'Huile d'Olive; trois-chopines de lef-

five forte, & une chopine de jus
d'Oignon blanc ; faire tiédir le
tout enfemble , & le faire avaler
en deux fois à la Jument, en
laiffant deux heures d'intervalle
d'une prife à l'autre.

Si ce reméde n'a point d'effet,
il faut qu'une perfonne adroite,
après s'être bien huilé la main &
le bras, tâche de tirer le Poulain,
en entier ou par piéces ; ou fi la
tête fe préfente, on attache une
groffe ficelle au menton, en forme de nœud coulant ; ce qui aide beaucoup à le tirer.

Il arrive quelquefois auffi que
le Poulain fans être mort fe préfente de travers (c'eft toujours du
côté de la Tête qu'il doit fe préfenter ;) il faut dans ce cas fe fervir de la main & du bras, de la
même façon qu'on vient de le
dire, afin de le tourner du fens

qu'il doit fe préfenter.

C'eſt l'uſage de faire recouvrir la Jument huit ou dix jours après qu'elle a pouliné, afin que la Saiſon ne ſe trouve pas trop avancée. Cela ſe pratique dans les Haras où l'on veut mettre tout à profit; mais ſi quelque Seigneur curieux en Chevaux ſuperbes, veut en faire la dépenſe, il ne faut faire couvrir chaque Jument que lorſque ſon Poulain ſera ſévré, c'eſt-à-dire, ne lui donner l'Etalon qu'un an après qu'elle aura pouliné. Par cette méthode une Jument ne produira qu'un Poulain tous les deux ans, mais il ſera infiniment plus beau & plus vigoureux, que s'il tétoit ſa mere étant pleine.

Il y a des Auteurs qui prétendent que la membrane dans laquelle eſt envelopé le Poulain en venant au monde, étant defféchée & mife en poudre, eft un reméde excellent pour la toux des jeunes Poulains qui tétent, en leur en donnant une bonne pincée mêlée dans du lait. D'autres affûrent que le poulmon d'un jeune Renard, auffi mis en poudre, fait le même effet , non feulement pour les Poulains, mais pour les Chevaux de tout âge.

Dans quel tems il faut févrer les Poulains.

LES Poulains ne doivent téter que fix ou fept mois; car l'ex-périence fait voir, que ceux qui tétent jufqu'à dix ou onze mois, quoiqu'ils ayent plus de chair & une taille plus avantageufe, ne valent pas ceux qu'on févre plu-tôt. Les derniers ayant été nourris d'abord avec des alimens fecs & chauds, leur taille devient plus dégagée, leur fang plus vif & leur tempérament plus vigoureux qu'à ceux qui tétent plus long-tems.

Lorfqu'on les févre, il faut les mettre dans une Ecurie bien nette, avec de bonne litiere fraîche nuit & jour, ayant foin de nettoyer leur Ecurie deux fois le jour pour les tenir propres. On ne les attache point qu'ils n'ayent trente mois, & il ne faut pas les panfer de la main avant ce tems, parce que leurs mufcles & leurs offemens étant encore trop tendres, on les empêcheroit de profiter. Si la mangeoire & le rate-lier étoient trop élevés, cela les obligeroit de lever la tête trop haut, & pourroit leur donner un tour d'encolure fauffe & renverfée. Lorſque le tems eſt beau, on leur fait prendre l'air dans quelque endroit fermé, où il n'y a aucun embarras, ſoit de pierre ou de bois, ni aucun trou, ou autres choſes ſemblables qui puiſſent les eſtropier.

On les nourrit d'Avoine ou d'Orge moulu mêlé avec du Son, ſoir & matin. On peut auſſi leur donner un peu de Foin, pourvû que ce ſoit du plus fin. Cette nourriture dont la quantité doit être proportionnée à leur âge, les fait boire, leur donne du corps, des forces & du Nerf. On leur retranche au Printems cette nourriture pour les mettre à l'herbe, lorſqu'elle eſt devenue aſſez grande; car lorſqu'elle eſt nouvelle & trop tendre, elle lâche le Ventre, & peut par conſéquent affoiblir un Poulain, & même le faire mourir.

Lorsque les Poulains ont atteint l'âge de 30. mois, il faut alors les traiter avec encore plus d'attention, leur donnant un licol, les attachant dans des places séparées, les nétoyant, les pansant de la main, & les couvrant comme les autres Chevaux d'âge plus avancé. Si avant cet âge on leur donnoit à manger le grain tout entier, les Dents & les jointures de la Ganache étant encore trop tendres pour moudre le grain sec, les efforts qu'ils feroient en mâchant, pourroient leur attirer des fluxions sur les Yeux. Le grain sec donné trop tôt à un Poulain produit encore un autre mauvais effet, qui est de lui user les Dents, & de le faire paroître plus âgé qu'il n'est.

Il faut tondre la Queue des Poulains d'un an, afin qu'elle re-

vienne plus touffue & plus forte,
& par conséquent plus belle; on
peut même la tondre deux ou
trois fois, c'est-à-dire, tous les six
mois; elle en sera plus belle &
plus épaisse, & les crins plus forts
pour résister au peigne.

On doit bien se donner de garde de mêler les Poulains mâles
d'un an & demi ou deux ans, avec
les Poulines du même âge, non
plus qu'avec les autres Cavales
du Haras; parce que commençant à se sentir alors, ils s'amu-
seroient avec les jeunes Poulines,
& au lieu de profiter ils dépéri-
roient. Pour éviter cet inconvé-
nient, on met les jeunes Cavales
de deux ans avec leurs meres,
& les Poulains du même âge avec
ceux de trois ou quatre ans.

On retire les Poulains à la Saint
Martin pour les remettre à l'E-
curie,

curie, où on leur donne une nourriture convenable & proportionnée à leur âge, comme on vient de l'expliquer ci-dessus : & afin qu'ils deviennent beaux, fermes & vigoureux, on ne les remet plus au pâturage lorsqu'ils ont atteint l'âge de trois ans. A l'égard des Juments on peut les y laisser jusqu'à leur quatriéme année accomplie.

Soleyſel donne un reméde pour fortifier les Jambes des Poulains lorsqu'elles font menues ; il l'aſſûre excellent. C'eſt de prendre une livre d'Huile d'Olive, un quarteron de Sel de Verre bien pilé, demie once de Sang - Dragon, quatre onces de Caſtoreum bien ſec ; il faut y ajouter une pinte d'Eſprit-de-Vin : laiſſer repoſer le tout à froid, l'eſpace de 12. heures, y ajoûter enſuite une pinte

N

de fort Vinaigre, autant d'Urine d'homme qui boive son Vin pur, faire bouillir le tout pendant une heure. De ce bain fort chaud il faut en frotter les Jambes, depuis l'Epaule & depuis le Grasset jusqu'à la Couronne, frottant vivement, avec la main à rebroussepoil, l'espace d'un quart d'heure, deux fois par jour pendant huit ou dix jours. Ce reméde se fait quelque tems avant que de monter un Poulain : ou bien on le fait deux fois l'année; l'une au Printems, l'autre en Automne, jusqu'à quatre ans & demi.

De la maniere dont on apprivoise les Poulains pour les rendre dociles.

LA docilité est une des premieres qualités que tout Cheval doit avoir, & il faut employer toute la patience, toute l'adreſſe & toute l'induſtrie imaginables, pour rendre les jeunes Chevaux doux, familiers & amis de l'homme.

Quoiqu'on ne doive ſe ſervir d'un Cheval de Selle qu'à cinq ans, parce qu'avant cet âge il eſt trop foible pour ſoutenir la fatigue; il faut cependant commencer dès l'âge de trois ans ou trois ans & demi à l'apprivoiſer. Voici comme on s'y prend : on l'accoûtume d'abord à ſouffrir ſur le Dos une Selle légere avec des ſangles qui ne lui preſſent point le Ventre, & une croupiere qui ne ſoit pas trop courte : on le laiſſe ainſi ſellé deux ou trois heures par jour. On l'accoûtume de même à ſouffrir qu'on lui mette le bridon dans la bouche; car il ne faut point de bride dans les commencemens aux jeunes Chevaux. On lui leve tous les jours les quatre Jambes, & avec un bâton on frappe sur le dessous du Pied, comme si on vouloit le ferrer.

Lorsqu'il sera accoûtumé à souffrir le Bridon & la Selle, dans l'Ecurie, il faudra dans le même endroit faire monter dessus & descendre un homme léger, le Cheval restant en place, afin de le rendre doux au montoir.

On le fera trotter de deux jours l'un à la longe, avec un caveçon sur le Nés, sans être monté, & sur un terrain uni. Lorsqu'il tournera facilement aux deux mains, qu'il viendra volontiers, à la fin de chaque reprise, proche de celui qui tient la longe, il faudra dans la même place le monter & le descendre sans le faire marcher, jusqu'à ce qu'il ait quatre ans : alors on le fera marcher au pas & au trot : quelquefois à la longe, quelquefois en liberté, felon qu'il obéira, & furtout à de petites reprifes. Avec ces précautions on viendra à bout de toutes fortes de Poulains quelques farouches qu'ils foient d'abord ; & jamais en s'y prenant de cette façon, ils ne deviendront rétifs, ni ramingues, ni difficiles à ferrer, à feller, à brider & à monter ; toutes chofes effentielles pour la docilité.

On ne s'étendra pas davantage fur la maniere de commencer les jeunes Chevaux ; parce que dans la deuxiéme Partie de cet Ouvrage, on trouvera toutes les leçons qui regardent la maniere d'acheminer les jeunes Chevaux, & les principes qu'il faut fuivre pour les dreffer aux ufages aufquels on les deftine.

Fin de la **Première** *Partie.*

Paris, Nous ayant fait remontrer qu'il
fouhaiteroit continuer à imprimer ou
faire imprimer & donner au Public,
*L'Ecole de Cavalerie par le Sieur de la
Gueriniere ; les Ouvrages du Sieur
Default , Medecin à Bordeaux* ; s'il
nous plaifoit lui accorder nos Lettres
de continuation de Privileges fur ce
néceffaires. A CES CAUSES voulant traiter favorablement ledit Expofant , Nous lui avons permis &
permettons par ces Préfentes de réimprimer ou faire réimprimer *l'Ecole
de Cavalerie du Sieur de la Gueriniere ,
& les Ouvrages du Sieur Default ,
Medecin à Bordeaux* , en un ou plufieurs Volumes conjointement & fé-
parément , & autant de fois que bon
lui femblera , fur papier & caracte-
res conforme à ladite feuille imprimée & attachée pour modéle fous le
contre-fcel des Préfentes , & de les
vendre , faire vendre & débiter par
tout notre Royaume pendant le tems
de neuf années confécutives , à compter du jour de la datte defdites Préfentes ; Faifons défenfes à toutes for-
fortes de perfonnes de quelque qualité & condition qu'elles foient d'en
introduire d'impreffion étrangere dans

aucun lieu de notre obéiſſance ; comme auſſi à tous Imprimeurs, Libraires & autres, d'imprimer, faire imprimer, vendre, faire vendre, débiter ni contrefaire leſdits Livres ci-deſſus ſpécifiés, en tout, ni en partie, ni d'en faire aucuns Extraits, ſous quelque prétexte que ce ſoit, d'augmentation, correction, chaugement de titre, ou autrement, ſans la permiſſion expreſſe & par écrit dudit Expoſant, ou de ceux qui auront droit de lui ; à peine de confiſcation des Exemplaires contrefaits, de trois mille livres d'amende contre chacun des Contrevenans, dont un tiers à Nous, un tiers à l'Hôtel-Dieu de Paris, l'autre tiers audit Expoſant ; & de tous dépens, dommages & intérêts ; à la charge que ces Préſentes feront enregiſtrées tout au long ſur le Regiſtre de la Communauté des Imprimeurs & Libraires de Paris, dans trois mois de la datte d'icelles ; que l'impreſſion de ces Livres ſera faite dans notre Royaume & non ailleurs ; & que l'Impétrant ſe conformera en tout aux Reglemens de la Librairie, & notamment à celui du dixiéme Avril mil ſept cent vingt-cinq;

& qu'avant que de les expofer en vente, les Manufcrits ou Imprimés qui auront fervi de copie à l'impreffion defdits Livres, feront remis dans le même état où les Approbations y auront été données, ès mains de notre très-cher & féal Chevalier le Sieur DAGUESSEAU, Chancelier de France, Commandeur de nos Ordres; & qu'il en fera enfuite remis deux Exemplaires dans notre Bibliotheque publique, un dans celle de notre Château du Louvre, & un dans celle de notre très-cher & féal Chevalier le Sieur DAGUESSEAU, Chancelier de France, Commandeur de nos Ordres; le tout à peine de nullité des Préfentes; du contenu defquelles Vous mandons & enjoignons de faire jouir l'Expofant ou fes ayans caufe, pleinement & paifiblement, fans fouffrir qu'il leur foit fait aucun trouble ou empéchement. Voulons que la Copie defdites Préfentes qui fera imprimée tout au long au commencement ou à la fin defdits Livres, foit tenue pour dûement fignifiée, & qu'aux Copies collationnées par l'un de nos amez & féaux Confeillers & Secretaires foi foit ajoutée comme à

l'Original. Commandons au premier
notre Huiſſier ou Sergent de faire
pour l'exécution d'icelles, tous actes
requis & néceſſaires, ſans demander
autre permiſſion, & nonobſtant cla-
meur de Haro, Charte Normande,
& Lettres à ce contraire. CAR tel
eſt notre plaiſir. Donné à Verſailles
le vingtiéme jour de Decembre, l'an
de grace mil ſept cent trente-ſept, &
de notre Regne le vingt-deuxiéme.
Par le Roy en ſon Conſeil.

SAINSON.

*Regiſtré ſur le Regiſtre neuf de la
Chambre Royale des Libraires & Imprimeurs de Paris, numero 580. folio
542. conformément aux anciens Régle-
mens confirmés par celui du 28. Fe-
vrier 1723. A Paris le 12. Janvier
1738.*

Signé, LANGLOIS, *Syndic.*

ELEMENS

DE

CAVALERIE.

***

SECONDE PARTIE.

ELEMENS
DE
CAVALERIE,
SECONDE PARTIE,

Contenant la Maniere de dresser les Chevaux pour les différens usages ausquels on les destine ; avec un Traité des Carrousels.

PAR M. D. L. G. ECUYER DU ROY.

A PARIS,

Chez les Freres GUERIN, rue S. Jacques, vis-à-vis la rue des Mathurins, à Saint Thomas d'Acquin.

____

M. DCC. XLI.

Avec Approbation & Privilege du Roy.

TABLE
DES CHAPITRES

Contenus dans cette seconde Partie.

CHAP. I. *Des Termes de l'Art.* Page 1.

CHAP. II. *Des Instrumens dont on se sert pour dresser les Chevaux.* 12.

CHAP. III. *Des Mouvemens des Jambes du Cheval dans ses différentes Allures.* 21.

ALLURES NATURELLES.

Le Pas. 22.
Le Trot. ibid.
Le Galop. 23.

a iij

vj TABLE

ALLURES DE'FECTUEUSES.

L'Amble. 28.
L'Entrepas. 30.
L'Aubin. ibid.

CHAP. IV. *Des différentes Natures de Chevaux.* 32.

CHAP. V. *De la Posture que doit avoir l'Homme de Cheval.* 36.

CHAP. VI. *De la Main de la Bride.* 42.

CHAP. VII. *Des Aides & des Châtimens.* 49.

CHAP. VIII. *Du Trot, du Pas, du demi-Arrêt, de l'Arrêt, & du Reculer.* 58.

Du Trot. ibid.
Du Pas. 67.

Du demi-Arrêt, de l'Arrêt &
du Reculer.   69.
CHAP. IX. De l'Epaule en-
dedans, & de la Croupe au
Mur.   78.
De l'Epaule en-dedans.   ibid.
De la Croupe au Mur.   90.
CHAP. X. Du Piaffer dans
les Piliers ; du Passage ;
des Changemens de Main,
& du Doubler.   97.
Du Piaffer.   ibid.
Du Passage.   103.
Des Changemens de Main,
& du Doubler.   107.
CHAP. XI. De la Galopa-
de.   111.
CHAP. XII. Des Voltes ; des
demi-Voltes ; des Passades ;
des Pirouettes, & du Ter-
re-à-Terre.   119.

viij TABLE DES CHAP.

CHAP. XIII. *Des Airs Relevés.* 130.

CHAP. XIV. *Des Chevaux de Guérre, de Chasse, & de Carosse.* 147.

Des Chevaux de Guerre. ibid.

Des Chevaux de Chasse. 153.

Des Chevaux de Carosse. 165.

CHAP. XV. *Des Tournois, des Joûtes, des Carousels, & des Courses de Têtes & de Bague.* 172.

Des Tournois. 173.

Des Joûtes. 176.

Des Carousels. 177.

Des Courses. 186.

De la Course des Têtes. 190.

De la Course de Bague. 201.

De la Foule. 206.

Fin de la Table des Chapitres.

ELEMENS

ELEMENS

DE

CAVALERIE.

SECONDE PARTIE.

Des Régles dont on doit se servir pour dresser les Chevaux.

CHAPITRE PREMIER.

Des Termes de l'Art.

'ART de monter à Cheval ayant des Termes particuliers, dont l'intelligence est absolument nécessaire à un Homme

II. *Part.* A

de Cheval, il eſt à propos de donner la définition de ceux qui ſont le plus en uſage.

Mane'ge : ce mot a deux ſignifications ; ſçavoir, le lieu où l'on exerce les Chevaux ; & l'exercice qu'on leur fait faire.

Il y a des Manèges couverts & des Manèges découverts. Un Manège couvert eſt un quarré long, entouré de murailles : il doit avoir environ 110. pieds de long ſur 35. à 36. de large. Le Manège découvert eſt entouré de barrieres ; il doit être plus long & plus large que le couvert, ſuivant le terrain qu'on a à y employer.

A l'égard du Manège regardé comme *Exercice*, c'eſt la maniere de dreſſer un Cheval, ou de mener un Cheval dreſſé ſur différens airs.

Air ; c'eſt la cadence & l'attitude propre aux différens mouvemens, qu'on fait faire au Cheval, lorfqu'il manie.

CHANGER DE MAIN, eft l'action que fait le Cheval avec les Jambes, lorfqu'il change de Pied, pour galopper fur le Pied droit, ou fur le Pied gauche. On entend auffi par changement de main, la ligne ou la pifte que décrit le Cheval en traverfant le Manège, d'une muraille ou d'une barriere à l'autre.

PISTE, eft le chemin que décrivent les quatre Pieds d'un Cheval en marchant. On dit *aller d'une pifte*, lorfque le Cheval marche droit & fur une même ligne : *aller de deux piftes*, c'eft lorfqu'il va de côté, & que les Pieds de derriere décrivent une autre ligne que ceux de devant ; c'eft ce qu'on appelle auffi *fuir les Talons.*

A ij

Aides, font les différens mouvemens de la main & des jambes que le Cavalier employe pour
faire aller fon Cheval. On dit
d'un Homme de Cheval qu'il a
les Aides fines, lorfque fes mouvemens font peu apparens. On dit
de même qu'un Cheval a les Aides fines, lorfqu'il obéit promptement & facilement au moindre
mouvement de la main & des
jambes du Cavalier.

Rendre la main ; c'eft le mouvement que l'on fait en baiffant la
main de la Bride.

S'attacher a la main ; c'eft
lorfqu'un Cavalier tient la main
plus ferme qu'il ne doit, ce qu'on
appelle avoir la main rude.

Tirer a la main ; c'eft lorfque
la Bouche du Cheval fe roidit
contre la main du Cavalier en levant & tendant le Nés.

PESER A LA MAIN ; c'eft lorfque la Tête du Cheval s'appuie & s'appefantit fur la main de la Bride.

BATTRE A LA MAIN ; c'eft lorf-qu'un Cheval, pour éviter la fu-jetion du mors, fecoue la Bride & donne des coups de Tête.

FAIRE LES FORCES ; c'eft un an-cien terme dont on fe fervoit pour exprimer le mouvement défagréa-ble que font certains Chevaux en ouvrant la Bouche , & en por-tant la Mâchoire inférieure de droite à gauche , & de gauche à droite.

APPUI, eft le fentiment que pro-duit l'action de la Bride dans la main du Cavalier ; & récipro-quement l'action que la main du Cavalier opere fur les Barres du Cheval. Un Cheval n'a point d'ap-pui lorfqu'il ne peut fouffrir que le Mors appuie fur les Barres, fans battre à la main, fecouer la Bride ou donner des coups de Tête. Celui qui a trop d'appui pefe & s'appefantit fur la main; & l'appui qu'on appelle *à pleine main*, c'eft lorfque le Cheval fouffre l'appui du Mors fans déplacer la Tête, & fans pefer ni battre à la main; & c'eft la meilleure de toutes les Bouches.

REPRISE, eft une leçon réitérée qu'on donne à un Cheval, & dans l'intervale on lui laiffe reprendre haleine.

PARER, eft un ancien terme, qui fignifie arrêter un Cheval; de même que *Parade* veut dire Arrêt.

MARQUER UN DEMI - ARREST; c'eft lorfqu'on tient la main de la Bride près de foi, pour retenir & foutenir le devant du Cheval , & pour le ramener & le raffembler.

RAMENER ; c'eſt faire baiſſer la Tête & le Nés à un Cheval qui tire à la Main , & qui porte le Nés haut.

RASSEMBLER , TENIR ENSEMBLE ; c'eſt retenir le devant du Cheval avec la Main, & chaſſer le derrier avec le gras des Jambes pour le racourcir & l'obliger de ſe mettre ſur les Hanches.

RENFERMER ; c'eſt tenir beaucoup enſemble un Cheval, qui eſt aſſez avancé pour commencer à le mettre dans la Main & dans les Talons.

ESTRE DANS LA MAIN ET DANS LES TALONS ; c'eſt lorſqu'un Cheval connoît bien les aides de la Main & des Jambes ; qu'il obéit avec facilité au moindre mouvement du Cavalier , & qu'il ſouffre fans fe déranger qu'on le ren-ferme dans la Main & dans les Talons ; en un mot c'eft un Cheval parfaitement dreffé.

BIEN MIS ; c'eft la même chofe que bien dreffé ; c'eft-à-dire , bien mis dans la Main & dans les Ta-lons.

SE TRAVERSER ; c'eft lorfque les Epaules ou les Hanches d'un Cheval fe dérobent de la pifte qu'el-les doivent décrire, & que le Cheval fe jette fur un Talon ou fur l'autre.

S'ENTABLER ; c'eft un ancien ter-me qui fignifie l'action que fait le Cheval en s'acculant au lieu d'aller en avant, & que les Han-ches marchent avant les Epaules lorfqu'il va de côté.

HARPER ; c'eft l'allure des Che-vaux qui ont des Eparvins fecs , ou une efpéce de mouvement con-

vulfif, qui leur fait lever la Hanche avec précipitation, au lieu de
plier le Jarrêt.

PIAFFER ; c'eft l'action que fait
le Cheval lorfqu'il paffage & manie dans une même place, fans
fe traverfer, avancer ni reculer.

TREPIGNER ; c'eft le défaut des
Chevaux qui piaffent mal, en précipitant le mouvement & battant
la poudre, au lieu de lever & de
foutenir la Jambe avec grace.

DOUBLER ; c'eft lorfqu'on tourne le Cheval à une même Main,
dans un quarré plus étroit que
n'eft celui de tout le Manège.

FALQUER, FALCADE eft le mouvement que fait le Cheval, en
coulant les Hanches baffes & trides fous lui, à l'arrêt du galop.

TRIDE ; c'eft le mouvement
prompt, court, uni & cadencé
que fait le Cheval, lorfqu'il rab-

bat promptement & avec fredon les Hanches sous lui.

FERMER; c'est lorsqu'un Cheval à la fin du changement de Main, arrive droit des quatre Jambes sur la ligne de la muraille.

TRAVAILLER OU ALLER DE LA MAIN A LA MAIN; c'est mener un Cheval d'une piste, en le tournant sur différentes lignes droites, avec la Main seule & peu d'aide des Jambes, ce qu'on appelle *Manège de Guerre*.

CHEVALER; c'est lorsque le Cheval en allant de côté, passe facilement les Jambes de dehors par-dessus celles de dedans.

DEDANS & DEHORS; c'est un terme usité en Cavalerie, par lequel on entend la rêne & la Jambe qui se trouvent du côté du centre du Manège, ou celle qui sont du côté de dehors. Ainsi on

appelle Rêne & Jambe de dehors,
celles qui font du côté du mur ou
de la barriere ; & Rêne & Jambe de dedans, celles qui font du
côté du dedans du Manège, ou
du centre autour duquel on tourne.

CHAPITRE II.

Des Instrumens dont on se sert pour dresser les Chevaux.

LE s Instrumens qui font le plus en usage pour dresser les Chevaux, sont, la Chambriere, la Gaule, les Eperons, la Longe, le Caveçon de fer, le Caveçon de cuir, les Piliers, le Poinçon, la Martingale ou Platte-longe, les Lunettes, le Troussequeue, le Bridon, le Filet, & le Feutre.

La CHAMBRIERE, est une bande de Cuir, de cinq à six pieds de long, attachée au bout d'une canne de Jai raisonnablement grosse & longue d'environ quatre pieds. On se sert de cet Instrument pour dreſſer un Cheval dans les Piliers, pour châtier celui qui refuſe d'aller en avant, & pour animer & réveiller celui qui ſe retient par malice ou par pareſſe. Un fouet bien monté & bien fait eſt plus leger qu'une Chambriere, & par conſéquent plus aiſé à manier ; & lorſqu'on ſçait s'en ſervir à propos, en ménageant les coups, il imprime plus de crainte au Cheval, & lui donne une plus prompte obéïſſance, que la Chambriere, qui eſt un inſtrument trop peſant.

La GAULE, eſt une baguette de Bouleau que le Cavalier tient dans la main droite, & dont il ſe ſert pour animer & relever le devant du Cheval, en touchant de la Gaule ſur les Epaules ; ou pour le chaſſer en avant en touchant de la Gaule ſur les Feſſes, ou fur la Croupe pour faire jouer les Hanches.

L'Eperon eft une piéce de Fer compofée de trois branches, dont deux entourent le Talon, & au bout de la troifiéme, qui avance, il y a une étoile de cinq à fix pointes, qu'on appelle *Molette*, qui fert à piquer ou pincer le Cheval. Les Molettes trop pointues défefpérent les Chevaux fenfibles, & celles qui font trop émouffées ne font point d'effet.

La Longe eft une longue corde d'environ la groffeur du petit doigt, au bout de laquelle il y a une boucle attachée à un cuir, que l'on paffe dans l'anneau du milieu du Caveçon de Fer, pour faire trotter les jeunes Chevaux fur des cercles avec le fecours du fouet ou de la Chambriere. On met auffi à la Longe les Chevaux

retifs & ramingues pour les châtier.

Le CAVEÇON DE FER, eſt une
bande de Fer tournée en arc ,
garnie de trois anneaux, montée
de Têtiere & de Sougorge. Les
Caveçons plats ſont les meilleurs ;
car ceux qu'on appelle Mordans,
qui ſont creuſés dans le milieu &
dentelés par les côtés, écorchent
le Nés du Cheval. Le Caveçon
doit être placé un doigt plus haut
que l'œil de la branche de la Bride, afin qu'il n'empêche pas l'effet du Mors, & qu'il n'ôte pas la
reſpiration ; ce qui arrive lorſqu'il eſt placé trop bas. Cet inſtrument n'eſt plus guéres en uſage chez les Hommes de Cheval,
depuis qu'on a trouvé l'Art d'aſſouplir & de plier les Chevaux avec
la Bride ſeule, ſans leur offenſer
la Bouche. On remarque même

que la plûpart de ceux qui s'en
fervent ont la main rude & déplacée. Il n'eft donc bon que pour
mettre les jeunes Chevaux à la
Longe, & pour châtier ceux qui
font ramingues & retifs; & c'eft
là où l'on doit borner tout fon
mérite.

Le Caveçon de Cuir, eft une
efpéce de Têtiere faite de gros cuir
plat avec deux Longes de corde,
pour attacher un Cheval dans les
piliers. On doit rembourer le Caveçon au haut de la Têtiere, &
au milieu du devant de la Muferolle, de peur qu'il n'écorche le
Cheval.

Les Piliers, font deux piéces de
bois, arondies, plantées dans le
Manège à cinq pieds l'une de l'autre, & à cinq pieds hors de terre.
Au haut de chaque pilier il y a
une tête ou un anneau de Fer

où

où l'on attache les cordes du Caveçon. L'ufage des piliers eft d'y mettre les Chevaux deftinés à fauter. On s'en fert auffi pour apprendre au Cheval à piaffer & à craindre le châtiment de la Chambriere.

Le POINÇON, eft une pointe de Fer attachée à un manche de bois, long de fept à huit pouces, que l'on tient dans le creux de la main droite. On appuie la pointe fur la Croupe du Cheval, pour faire détacher la ruade à un fauteur.

La MARTINGALE OU PLATTE-LONGE, eft une Courroye de Cuir, attachée par un bout aux Sangles, & par l'autre à la Muferolle de la Bride, en la paffant entre les Jambes de devant. Cet inftrument fert aux Cavaliers qui n'ont pas la main affûrée, pour empê-

II. Part.   B

cher le Cheval de donner des coups de Tête.

Les Lunettes, font deux ef-péces de petits Chapeaux de cuir, pour couvrir les Yeux d'un Che-val qui eft difficile au montoir.

Troussequeue, c'eft un inftru-ment de Cuir pour envelopper la Queue d'un Sauteur; ce qui le fait paroître plus large de Crou-pe, & empêche que la Queue ne donne dans les yeux du Cava-lier en fautant.

Le Bridon, eft une Embou-chure montée d'une Têtiere fans Muferolle. Cette Embouchure eft très-mince, & eft brifée dans le milieu, & quelquefois en deux endroits. On le met avec la Bri-de, & il fert à foulager la Bou-che du Cheval; & en cas d'ac-cident, lorfque les Rênes de la Bride ou le Mors viennent à fe caſſer, on a recours au Bridon.

Il y a une autre eſpéce de Bridon, dont l'Embouchure eſt plus groſſe, & aux deux extrémités, il y a deux petites barres de Fer rondes, pour empêcher qu'il ne ſorte de la Bouche, lorſqu'on tire l'une des deux Rênes. On ſe ſert de ce Bridon pour acheminer les jeunes Chevaux, avant que de leur mettre la Bride.

Le FILET, eſt une eſpéce de Mors, monté d'une Têtiere ſans Muſerolle, avec une Gourmette & des branches longues & ſans chaînettes. Ce Mors ſert pour les Chevaux de Caroſſe ou autres, lorſqu'on les étrille, ou qu'on les mene à l'Abreuvoir.

FEUTRE ; c'eſt un petit morceau de Chapeau ou de cuir, fendu aux deux extrémités, que l'on met à la Gourmette, & qui s'applique contre la Barbe du Cheval, afin de conserver cette Partie dans son entier.

CHAPITRE III.

Des Mouvemens des Jambes du Cheval dans ſes différentes Allures.

LEs Chevaux ont des Allures naturelles, des Allures défectueuſes, & des Allures artificielles. Le Pas, le Trot, & le Galop ſont les Allures naturelles ; l'Amble, l'Entrepas ou Traquenard, & l'Aubin, ſont les Allures défectueuſes ; & par Allures artificielles on entend les différens airs qui ſont en uſage dans le Manège.

ALLURES NATURELLES.

Le Pas.

LE PAS eſt la plus lente & la plus douce de toutes les Allures naturelles du Cheval ; parce que dans cette action il ne léve pas les Jambes ſi haut ni ſi promtement qu'au Trot & au Galop. Il y a quatre mouvemens dans le Pas qui ſe ſuivent & ſe répétent alternativement.

Le Trot.

LE TROT, eſt une Allure plus relevée & plus violente que celle du Pas. Lorſqu'un Cheval trotte il léve en même tems les Jambes qui ſont oppoſées & traverſées, l'une devant, l'autre derriere : c'eſt-à-dire, que lorſqu'il léve la Jambe droite de devant la premiere, la Jambe gauche de derriere ſe léve auſſi ; & elles ſe poſent en même tems à terre. La Jambe gauche de devant & la droite de derrie-re ſuivent immédiatement après ; enſorte que le Trot n'a que deux mouvemens alternatifs.

Le Galop.

LE GALOP eſt la plus-belle & la plus diligente de toutes les Al-lures naturelles. C'eſt une eſpéce de ſaut en avant ; puiſque dans cette action il y a un inſtant où les quatre Jambes ſont en l'air ; ce qu'il eſt aiſé de remarquer dans le Galop de vîteſſe, où l'on voit les quatre Fers en même tems.

Il y a deux ſortes de Galop, le Galop ſur le Pied droit, & le

Galop fur le Pied gauche. Un Cheval galope fur le Pied droit, lorfqu'il avance plus la Jambe droite de devant & celle de derriere du même côté, que la gauche de devant & celle de derriere ; & il galope fur le Pied gauche, lorfque la Jambe gauche de devant & celle de derriere font les plus avancées.

Il y a des Chevaux qui galopent en trois tems & d'autres en quatre. La pofition des Pieds au Galop à droite en trois tems, qui eft la plus ordinaire, fe fait de la maniere fuivante. Dans l'inftant que le Cheval eft ébranlé au Galop, il raffemble les forces de fes Hanches , pour étendre & chaffer le devant ; & alors il pofé le pied gauche de derriere le premier , ce qui forme le premier tems : il léve immédiatement après

la

la Jambe droite de derriere & la gauche de devant croifées comme au Trot, & les pofe en même tems, ce qui fait la feconde pofition ; & enfin le troifiéme & dernier tems eft marqué par la Jambe droite de devant, qui finit la cadence du Galop en trois tems. Ces mouvemens fe répétent à chaque tems de Galop, & fe continuent alternativement. Cette cadence du Galop en trois tems eft rendue affez fenfible par l'expreffion familiere de *pa-ta-ta*.

Lorfque le Cheval galope à main gauche, c'eft-à-dire, fur le Pied gauche en trois tems, la pofition des Pieds fe fait différemment. C'eft le Pied droit de derriere qui marque le premier tems ; le Pied gauche de derriere & le Pied droit de devant, fe lévent enfuite en même tems, & fe pofent auffi en même tems à terre ; & enfin le Pied gauche de devant avance & marque en se posant, la troisiéme & derniere cadence.

Il y a des Chevaux qui ont les Hanches si trides , & dont les mouvemens du Galop font si prompts , qu'ils marquent quatre tems en galopant ; c'est-à-dire , qu'ils posent les quatre Pieds l'un après l'autre, en commençant toujours le premier tems par le Pied gauche de derriere , si c'est au Galop à droite ; & par le Pied droit de derriere , si c'est au Galop à gauche.

Lorsqu'un Cheval n'observe pas en galopant le même ordre que nous venons d'expliquer , il est faux ou défuni. Un Cheval galope faux ou sur le mauvais Pied , lorsqu'allant à main droite il galope sur le Pied gauche , ou lorsqu'allant à main gauche il galope fur le Pied droit.

Un Cheval fe défunit de deux manieres, tantôt du devant & tantôt du derriere. Il eſt défuni du devant à droite, lorſque les Jambes de derriere étant placées comme elles doivent l'être pour galoper à cette main, celles de devant font placées comme il devroit les avoir pour galoper à gauche : & il eſt défuni du derriere, lorſque les Jambes de devant étant placées comme elles doivent l'être, celles de derriere font dans la poſition qu'elles devroient être pour galoper à droite. Il en eſt de même pour la main gauche.

Il faut remarquer que ce qu'on entend par galoper fur le bon Pied, c'eſt toujours galoper fur le Pied droit, tant pour les Chevaux de Chaſſe que pour ceux de Campagne. A l'égard des Chevaux de Manège, qu'on fait fouvent changer de main, ils doivent fçavoir galoper fur le Pied droit & fur le Pied gauche, fuivant la main où ils vont.

ALLURES DEFECTUEUSES.

L'Amble.

L'Amble, eft une Allure plus baffe, & beaucoup plus alongée que celle du Pas, dans laquelle le Cheval léve & pofe en même tems à terre les deux Jambes d'un même côté; c'eft-à-dire, celle de devant & celle de derriere; enforte qu'il n'a que deux mouvemens, l'un pour la droite, & l'autre pour la gauche, qui fe continuent alternativement. Un bon Cheval d'Amble doit marcher les

Hanches baſſes & pliées, & poſer le Pied de derriere bien au-
delà de celui de devant, pour em-
braſſer plus de terrain. Cette Allure n'eſt bonne que dans un terrain doux & uni; car dans la
boue & dans les endroits rabotteux, un Cheval ne peut pas ſoutenir long-tems, cette Allure. Gé-
néralement parlant, tout Cheval
d'Amble ne dure pas long-tems;
& c'eſt un ſigne de foibleſſe, puiſque les Poulains prennent cette
Allure, juſqu'à ce qu'ils ayent
aſſez de force pour trotter & galoper, & que la plûpart des bons
Chevaux, lorſqu'ils commencent
à s'uſer, finiſſent par ambler.

L'Entrepas.

L'ENTREPAS, qu'on appelle aussi TRAQUENARD, est une espéce de tricotement de Jambes, qui tient de l'Amble rompu. La plûpart des Chevaux de charge prennent cette Allure, lorsqu'ils n'ont plus assez de force pour soutenir le mouvement du Trot.

L'Aubin.

ON appelle AUBIN, AUBINER, lorsqu'un Cheval en galopant du devant, trotte ou va l'amble avec le train de derriere. Les Chevaux qui ont les Hanches foibles, le derriere ruiné, ou qui sont extrêmement fatigués à la fin d'une longue course, aubinent au lieu de galoper uni. Cette Allure est très-

ordinaire aux Chevaux de Poſte
& de Chaſſe, lorſqu'ils ont les
Jambes de derriere uſées.

A l'égard des Allures artificielles, on en donnera la définition,
en parlant de chaque Air en parti-
culier.

C iiij

CHAPITRE IV.

Des Différentes Natures de Chevaux.

LA connoissance de la Nature d'un Cheval est essentielle à un Cavalier, afin qu'il puisse régler ses leçons, suivant la bonne ou mauvaise disposition de cet Animal.

On appelle Cheval *de bonne Nature*, celui qui joint à une force liante, du courage, de la docilité, & de la bonne volonté. La Nature rébelle, ou le manque de bonne volonté est occasionnée par les vices suivans, qui sont, la timidité, la lâcheté, la paresse, l'impatience, la colere & la malice. La plûpart de ces défauts rendent les Chevaux ou *Ombrageux*, ou *Vicieux*, ou *Rétifs*, ou *Ramingues*, ou *Entiers*.

Le Cheval *Ombrageux*, eft celui qui s'effraye de quelque objet, & ne veut point en approcher. Ce défaut qui vient fouvent de timidité naturelle, peut auffi être caufé par quelque accident à la vûe, qui lui fait voir les objets autres qu'ils ne font. Il y a des Chevaux qui après avoir demeuré quelque tems dans une Ecurie fombre, la premiere fois qu'ils fortent tout leur fait ombrage.

Il fe trouve des Chevanx *Vicieux*, malins, coleres, vindicatifs, ennemis de l'homme, qui ruent & mordent celui qui veut les approcher; il ne faut pas toujours attribuer ces défauts à la nature; mais le plus fouvent à l'ignorance & à la mauvaife humeur de certains Cavaliers, qui les battent mal-à-propos.

Le Cheval *Rétif* est celui qui retient ses forces par pure malice, ne voulant avancer, reculer ni tourner. Le Cheval *Ramingue* est celui qui se défend contre les Eperons, recule, rue ou se cabre au lieu d'aller en avant ; & le Cheval qu'on appelle *Entier*, est celui qui refuse de tourner, plûtôt par ignorance & par roideur, que par malice.

Lorsque les défauts qu'on vient de définir viennent de foiblesse & de manque de cœur, la nature étant alors défectueuse, il est difficile d'y suppléer par l'Art. Mais l'origine de la plûpart des défenses des Chevaux, vient souvent de ce qu'on leur demande des choses au-delà de leur force ; ce qui leur fait haïr l'Homme & l'Exercice, leur fa-

tigue les Nerfs & les Tendons.
Souvent auffi on les monte trop
jeunes, & par ce moyen on leur
force les Reins, on leur affoiblit
les Jarrets, & on les gâte pour
toujours.

CHAPITRE V.

De la Posture que doit avoir l'Homme de Cheval.

LA grace à Cheval consiste dans une posture droite & libre, qui vient du contrepoids du Corps bien observé ; ensorte que dans tous les mouvemens que fait le Cheval, le Cavalier, sans déranger son assiette, conserve autant qu'il le peut, dans un juste équilibre, cet air d'aisance & de liberté, qui forme ce qu'on appelle le *bel Homme de Cheval*. La premiere attention qu'un Cavalier doit avoir avant que de monter à Cheval , c'est d'examiner d'un coup d'œil tout son Equipage. Il faut d'abord voir

fi la Sougorge n'eſt point trop
ferrée; ſi la Muſerolle n'eſt pas
trop lâche; ſi le Mors n'eſt point
trop bas, ou trop haut; ſi la Gourmette eſt bien placée; ſi la Selle
n'eſt point trop en avant; ſi les
Sangles ne ſont point trop lâches,
ou au contraire trop ferrées; ſi le
Poitrail ne deſcend point trop bas;
& enfin ſi la Croupiere n'eſt point
trop lâche ou trop courte.

Après ce petit examen, qui eſt
l'affaire d'un moment, mais très-
néceſſaire, pour éviter les inconvéniens qui peuvent arriver à ceux
qui négligent cette attention; il
faut approcher vis-à-vis & près de
l'Epaule gauche du Cheval; tenír
la gaule dans la main gauche la
pointe en en-bas, prendre le bout
des rênes avec la main droite, &
dans la main gauche l'on tient la
gaule, & les rênes de la Bride, on

prend encore une poignée de crin près du Garot. On quitte enfuite le bout des rênes pour prendre le bas de l'Etriviere avec la main droite; on met le pied gauche à l'Etrier, on s'éléve promptement & légerement au-deſſus de la Selle, en poſant la main droite ſur l'Arçon de derriere; on paſſe la Jambe droite bien étendue pardeſſus la Croupe, & l'on entre en Selle, en ſe tenant le corps droit.

Lorſqu'on eſt en Selle, il faut mettre la gaule dans la main droite, & ajuſter les rênes égales dans la main gauche : ce qui ſe fait en prenant d'abord le bout des rênes avec la main droite, & en étendant le bras droit le long & au-deſſus de l'Encolure; enſorte que la main droite ſoit à la hauteur & vis-à-vis de la tête du Cavalier, & autant avancée vers la tête du

Cheval que le permet la longueur des rênes. Dans le même instant on sépare les rênes avec le petit doigt de la main gauche, que l'on tient placée environ deux doigts au-dessus du pommeau, & un peu éloignée & détachée du Ventre, avec les ongles un peu en-dessus; il faut aussi que le poignet soit un tant soit peu arondi, mais pas trop, ce qui feroit paroître la main estropiée. On tient les rênes serrées dans le creux de la main, & le poulce étendu dessus, pour les assûrer & les empêcher de couler de la main.

La main étant ainsi placée, ce qui doit se faire promptement & de bonne grace; il faut quitter le bout des rênes, & mettre la main droite près & d'égale hauteur à la main gauche, & tournée de façon, que la pointe de la gaule soit au-deſſus de l'Oreille gauche du Cheval, & à la hauteur des Yeux du Cavalier.

Il faut enſuite s'aſſeoir juſte dans le milieu de la Selle, la ceinture en avant, les Reins fermes & un peu pliés. La Tête du Cavalier doit être droite & libre, en regardant entre les Oreilles du Cheval; les Epaules baſſes, libres, un peu renverſées en arriere, avec les bras pliés au coude & joints au Corps, ſans aucune contrainte, mais en tombant naturellement ſur les Hanches.

A l'égard des Jambes, leur vraie poſition eſt d'être placées ſur la ligne du Corps du Cavalier, & tomber naturellement ſur une même ligne droite du Genou au Talon, en tournant les Jarrets & le plat des Cuiſſes contre le quartier de la Selle; enforte que les Jambes

foient

foient près du Cheval fans le toucher, droites & libres, quoiqu'affû-
rées : il faut que le Talon foit un
peu plus bas que la pointe du
Pied, & tourné de façon qu'il
ne touche pas continuellement le
Ventre du Cheval. La pointe du
Pied doit déborder l'Etrier d'un
poulce ou deux.

Cette belle affiette dont on vient
de faire la defcription, ne s'acquiert que par la pratique, il faut
furtout beaucoup trotter dans les
commencemens qu'on monte à
Cheval. La méthode de trotter
fans Etriers eft excellente, elle
fait prendre le fond de la Selle,
& donne à un Cavalier de la fer-
meté, de la grace, & de l'équilibre.

CHAPITRE VI.

De la Main de la Bride.

CE qu'il y a de plus essentiel & de plus difficile en Cavalerie, c'est de sçavoir gouverner la Main de la Bride, & d'en connoître les effets ; autrement ce seroit travailler sans régles & sans principes. On entend toujours par la Main de la Bride, la Main gauche ; car quoiqu'on se serve quelquefois de la Main droite, elle n'est regardée que comme une aide à la Main gauche.

La Main doit avoir trois qualités, qui sont, ⸱ Main légere, la *Main douce* & la *Main ferme*. La Main légere est celle qui ne sent point l'appui du Mors sur les

barres ; la Main douce , celle qui
fent un peu l'appui du Mors ; &
la Main ferme , celle qui tient le
Cheval dans un appui à plai-
ne Main. Il faut accorder ces
trois différens mouvemens de la
Main , fuivant la Bouche du Cheval ; enforte qu'après avoir rendu la Main, qui eft la Main légere , il faut la retenir doucement,
& fentir peu-à-peu l'appui du
Mors fur les barres , qui eft ce
qu'on appelle la Main douce : on
tient enfuite de plus en plus le
Cheval dans un appui plus fort ,
qui eft la Main ferme ; & ainfi
alternativement : de maniere pourtant que la Main douce précéde
& fuive toujours le mouvement
de la Main légere & de la Main
ferme ; car il ne faut jamais paffer
de la Main légere à la Main ferme, ni de la Main ferme à la

Main légere, sans employer l'aide de la Main douce, autrement on offenseroit la Bouche du Cheval, qui est ce qu'on appelle avoir la *Main rude.*

Il y a deux manieres de rendre la Main. La premiere, qui est la plus en usage, est de baisser simplement la Main de la Bride, comme on vient de le dire. La deuxiéme façon, qu'on appelle *descente de Main,* c'est de prendre les rênes avec la Main droite un peu au-dessus de la Main gauche ; on quitte ensuite les rênes de la Main gauche, & on baisse la Main droite sur le cou du Cheval, qui se trouve alors tout-à-fait libre, & ce qu'on appelle, sans Bride. On fait encore la descente de Main d'une autre façon, qui est, de prendre le bout des rênes avec la Main droite, en étendant le

bras droit le long de l'Encolure,
au-deſſus de la Tête du Cheval ;
on quitte enſuite les rênes de la
Main gauche, & on baiſſe la Main
droite juſques ſur le cou. Cette
derniere façon de rendre la Main
avec le bout des rênes, ne s'employe qu'aux Chevaux ſages &
obéiſſans, & qui ont la Bouche
faite ; parce que le grand mouvement qu'on eſt obligé de faire
dans cette action, dérangeroit
ceux dont la Bouche n'eſt point
aſſûrée.

Comme le Cheval a quatre principaux mouvemens en marchant,
qui ſont, aller en avant, reculer,
tourner à droite & tourner à gauche ; la Main de la Bride doit auſſi
produire quatre effets, qui ſont,
rendre la Main ou la baiſſer pour
aller en avant ; ſoutenir & retenir la Main en l'approchant du

Ventre, pour l'arréter, ou pour le reculer; porter la Main à droite pour le faire tourner de ce côté, & la porter à gauche, lorfqu'on veut tourner le Cheval à cette Main.

Il faut obferver qu'en rendant la Main, il faut tourner les ongles un peu en-deffous, qu'au contraire, en foutenant & retenant la Main, il faut tourner les ongles un peu en-deffus : & de même en tournant à droite, il faut les avoir un peu en-deffus, afin de faire agir la rêne gauche; en tournant à Main gauche, il faut que les ongles foient un peu en-deffous, afin que la rêne droite agiffe plus promptement.

Il y a trois manieres de fe fervir des rênes, qui font, de les tenir féparées dans les deux Mains; égales dans la Main gauche; ou l'une plus courte que l'autre dans la Main gauche, fuivant la Main où l'on travaille un Cheval.

On appelle rênes féparées, lorf- qu'on tient la rêne droite dans la Main droite, & la rêne gauche dans la Main gauche. Cette ma- niere de tenir les rênes féparées, s'employe pour trotter les jeunes Chevaux, qui ne font point en- core accoûtumés à obéir à la Main de la Bride ; on s'en fert auffi pour les Chevaux, qui fe défen- dent, ou qui refufent de tourner à une Main. Pour bien fe fervir des rênes féparées, il faut baiffer la Main oppofée à celle dont on tire la rêne ; lorfque par exemple, on tire la rêne droite pour tourner à droite, il faut baiffer la Main gauche ; & lorfqu'on tire la rêne gauche pour tourner à gauche, il faut baiffer la Main droite ; autre-

ment le Cheval ne sçauroit à quelle rêne obéir.

Les rênes égales dans la Main
gauche servent à mener un Cheval, qui est obéissant à la Main
de la Bride, c'est-à-dire, qui sçait
tourner à droite & à gauche, suivant le port de la Main. Lorsqu'on tourne un Cheval à droite,
c'est la rêne gauche qui determine
l'Epaule gauche, & fait passer la
Jambe gauche pardessus la droite ;
& lorsqu'on tourne à gauche,
c'est la rêne droite qui détermine
l'Epaule droite, & fait passer &
chevaler la Jambe droite pardessus
la gauche.

CHAP.

CHAPITRE VII.

Des Aides & des Châtimens.

Des Aides.

COMME la plûpart des Animaux n'obéïssent que par la crainte du châtiment, les Aides ne sont autre chose qu'un avertissement qu'on donne au Cheval, qu'il sera châtié, s'il ne répond à leur mouvement.

Les Aides dont on se sert pour dresser les Chevaux, consistent dans les différens mouvemens de la Bride, comme on vient de l'expliquer dans le Chapitre précédent; dans l'appel de la Langue; dans le sifflement & le toucher de la Gaule; dans le mouvement des Cuisfes, des Jarrêts, & des gras de Jambes; dans le pincer délicat de l'Eperon; & enfin dans la maniere de pefer fur les Etriers.

L'appel de la Langue eft un fon, qui fert à réveiller un Cheval & à le rendre attentif aux Aides & aux Châtimens qui fuivent cette action, s'il n'y répond pas. Cette Aide doit être employée rarement; autrement elle ne feroit plus d'impreffion fur l'ouie, qui eft le fens fur lequel elle doit agir; & il n'y a rien de fi défagréable que d'entendre un Cavalier appeller continuellement de la Langue.

La Gaule eft une aide, lorfqu'on la fait fifler dans la main, le bras haut & libre, pour animer le Cheval; lorfqu'on le touche légerement avec la pointe de la Gaule fur l'Epaule de dehors,

pour lui relever le devant ; lorfqu'on tient la Gaule fous main ,
c'eft-à-dire , croifée par-deffous le
bras droit , la pointe au-deffus de
la Croupe , pour animer & donner du jeu à cette partie ; & enfin lorfqu'un homme à pied touche de la Gaule devant , c'eft-à-
dire , fur le poitrail , pour faire
lever le devant , ou fur les genoux , & les boulets pour lui faire
plier les bras.

Il y a dans les Jambes du Cavalier quatre mouvemens , qui
forment quatre Aides ; fçavoir ,
l'Aide des Jarrets ou des Cuiffes ,
qui fe fait , en ferrant les deux
Jarrets , pour chaffer le Cheval en
avant , ou en ferrant le Jarret de
dehors , pour le preffer fur le Talon de dedans , ou en ferrant le
Jarret de dedans , pour le foutenir & l'empêcher de fe preffer &

de s'appuier trop en dedans. L'Aide du gras des Jambes, qui eſt une aide plus ſenſible que celle des Jarrets, ſe fait en les approchant délicatement du Ventre, pour avertir le Cheval qui n'a pas répondu à l'Aide du Jarret, que l'Eperon n'eſt pas loin s'il n'eſt pas ſenſible à leur mouvement. Cette Aide ſert auſſi à raſſembler un Cheval dreſſé, lorſqu'il rallentit l'air de ſon Manège.

L'Aide du pincer délicat de l'Eperon, ſe fait en l'approchant légérement près du poil du Ventre, ſans appuier juſqu'au cuir, pour avertir le Cheval qu'on appuiera vivement des deux, s'il ne répond pas à l'Aide du ſimple pincer délicat.

L'Aide qui ſe donne en peſant ſur les Etriers eſt la plus douce de toutes, & ſuppoſe dans un

Cheval beaucoup d'obéiſſance &
une grande ſenſibilité; puiſque par
la ſeule preſſion que l'on fait en
appuiant plus ſur un Etrier que
ſur l'autre, on détermine le Cheval à obéir à ce mouvement.

Des Châtimens.

ON employe ordinairement trois
ſortes de Châtimens; celui de la
Chambriere ou du Fouet; celui
de la Gaule; & celui des Eperons.

La crainte de la Chambriere eſt
le premier châtiment qu'on donne
aux jeunes Chevaux, lorſqu'on
commence à les faire trotter à la
longe. On s'en ſert auſſi pour faire piaffer un Cheval dans les piliers; & elle eſt abſolument néceſſaire pour les Chevaux rétifs,
ramingues, ou ceux qui ſont in-

senfiblés & durs à l'Eperon.

Le châtiment qu'on tire de la Gaule, c'est lorsqu'on en frappe vigoureusement un Cheval sur le Ventre & sur les Fesses, lorsqu'il se retient, pour le chasser en avant; & lorsqu'on en applique un grand coup sur les Epaules de celui qui détache continuellement des ruades par malice. Ce châtiment corrige plus ce vice que les Eperons.

Les Eperons doivent être employés plus ou moins fort, suivant la sensibilité du Cheval & là faute qu'il a commise. Il y a des occasions où l'on doit s'en servir avec vigueur, mais rarement; car rien ne désespere & n'avilit plus un Cheval que les Eperons trop souvent, & mal-à-propos appliqués. Lorsqu'on veut donner des Eperons, ce qu'on appelle ordinairement *pincer des*

deux, il faut approcher doucement le gras des Jambes, enfuite
on applique les Eperons, environ quatre doigts au - delà des
Sangles, & l'on replace les Jambes immédiatement après fur les
Etriers, afin d'ôter au Cheval le
trop de crainte que la violence
du châtiment lui a imprimée, en
le tenant toujours dans le refpect
pour les aides des Jarrets & des
gras de Jambes. Il y a des Cavaliers dont les Jambes & les
Eperons touchent continuellement & chatouillent le Ventre du
Cheval ; ce qui arrive ordinairement à ceux qui ont les Etriers
trop longs, & la pointe du pied
baffe & en dehors. Cette fauffe
& ridicule pofition de Jambes,
ôte la fineffe & la gentilleffe d'un
Cheval, l'endurcit aux aides, &
l'accoûtume à une action très-

E iiij

déſagréable, qu'on appelle vulgairement *Quouailler*, qui eſt de
remuer ſans ceſſe la queue en
marchant, comme ſi quelque Mou-
che le piquoit. Il ne faut pas que
les Eperons ſoient trop pointus,
ſurtout aux Chevaux chatouilleux,
rétifs & ramingues ; car au lieu
d'apporter remède à ces vices on
en ajoûteroit d'autres. Il ſe trouve des Chevaux qui, lorſqu'on les
pince trop vertement piſſent de
rage ; d'autres ſe jettent contre le
mur ou la barriere ; & d'autres
s'arrêtent tout-à-fait à l'Eperon, & quelquefois même ſe cou-
chent par terre.

Il y a certains Chevaux qui
ſont ſi fins & ſi ſenſibles aux aides, que le pincer délicat de l'E-
peron devient un châtiment pour
eux : il ne faut point d'aides rudes à ceux-ci, mais ſe relâcher

tout-à-fait, & obferver un grand
équilibre, autrement ils ne feroient que des pointes & des
élans : c'eft pourquoi il faut bien
connoître le naturel d'un Cheval
pour fçavoir employer les châtimens à propos, en les proportion-
nant à la faute qu'il fait, & à la
maniere dont il les reçoit; afin
de les continuer, de les augmenter, de les diminuer, & même
de les ceffer fuivant fa difpofition
& fa force. Il ne faut pas non
plus prendre toutes les fautes
qu'un Cheval fait pour des vices,
puifque la plûpart du tems elles
viennent plûtôt de foibleffe, d'i-
gnorance, ou de manque d'habitude, que de pure malice ; fur-
tout on ne doit jamais châtier un
Cheval par humeur ni en colere,
mais toujours de fang-froid.

✽✽✽✽✽✽✽✽✽✽✽✽✽✽

CHAPITRE VIII.

Du Trot, du Pas, du demi-Arrêt, de l'Arrêt, & du Reculer.

Du Trot.

LA Broue définit parfaitement bien un Cheval dreſſé, en diſant, que c'eſt celui qui a de la ſoupleſſe, de l'obéiſſance, & de la juſteſſe. Suivant ce principe, la premiere choſe qu'on doit demander à un Cheval, c'eſt le dénouement de ſes membres ; mais cette qualité ne peut ſe donner que par le Trot, parce que dans cette allure tous les reſſors de l'Animal ſont mis dans un grand mouvement : & comme dans cette aſ-

tion le Corps du Cheval eſt égale-
lement ſoutenu ſur deux Jambes,
l'une devant, l'autre derriere,
croiſées & oppoſées, les deux autres qui ſont en l'air ſont obligées
de ſe relever, de ſe ſoutenir, &
de s'étendre en avant ; & par là
le Cheval acquiert un premier degré de ſoupleſſe dans toutes les
parties du Corps.

Il ne faut pas tomber dans l'erreur de ceux, qui croyant que le
Trot eſt la baſe de toutes les leçons, pour parvenir à rendre un
Cheval adroit & obéiſſant, le
font trotter des années entieres ;
car ils éteignent dans l'accable-
ment & la laſſitude, qui provient
d'une leçon trop long-tems continuée, cette vigueur & cette gen-
tilleſſe naturelle, qu'il faut toujours conſerver dans un Cheval,
comme le plus bel ornement de ſa

Nature. Il y en a d'autres encore
plus imprudens, qui font trotter
de jeunes Chevaux dans des lieux
rabotteux & dans des terres labourées, afin, difent-ils, de les
dompter en peu de tems. Cette
prétendue façon de dompter un
Cheval, qui eft bien plûtôt le rui-
ner, foule les Nerfs & les Tendons d'un jeune Cheval, & eft
prefque toujours la fource de tous
les accidens qui arrivent aux Jarrets & aux Boulets.

C'eft au Trot à la longe, fur
un terrain uni, avec un caveçon
fur le Nés, un fimple bridon dans
la Bouche, fans perfonne deffus,
qu'il faut apprendre aux jeunes
Chevaux à trotter & à craindre
le châtiment de la Chambriere. Il
faut que le caveçon foit placé
affés haut pour ne point ôter la
refpiration, & que la Muferolle

foit affés ferrée, afin que le caveçon ne varie pas fur le Nés :
il doit auffi être armé d'un cuir,
pour ne point écorcher la peau qui
eft très-tendre dans les jeunes
Chevaux.

Celui qui tient la longe doit
être placé au centre, autour duquel le Cheval tourne ; & celui
qui tient la Chambriere doit fuivre le Cheval, & le chaffer en
avant, en lui en donnant légerement fur la Croupe, & quelquefois frappant de la Chambriere
par terre. Lorfque le Cheval a
fait trois ou quatre tours à une
main, il faut racourcir peu-à-peu
la longe, jufqu'à ce qu'il foit arrivé près de celui qui la tient ; &
après l'avoir flatté quelque tems,
on le fait trotter à l'autre main,
& on le finit au centre de la même maniere. Quand il obéira fa-

cilement à cette premiere leçon ,
il faut pour lui apprendre à changer de main, que celui qui gou-
verne la longe tire la Tête du
Cheval en reculant deux ou trois
pas , & celui qui tient la Chambriere doit gagner l'Epaule de dehors , pour le faire tourner à l'autre main , en la lui montrant , &
même l'en frappant , s'il refuse
d'obéir. On doit bien prendre garde que le Cheval ne galope au
lieu de trotter ; & lorsque cela
arrive , il faut secouer légerement le caveçon avec la longe ,
pour rompre le galop. On doit
encore avoir une autre attention ,
qui est de tirer la Tête du Cheval en-dedans , pour l'accoûtumer à se plier à la main où il
va.

Quand le Cheval sçaura trotter librement aux deux mains , il

faudra alors le monter, en prenant toutes les précautions nécessaires pour le rendre doux au montoir. Le Cavalier étant en Selle, tiendra les rênes du Bridon séparées ; c'est-à-dire, une dans chaque main. On observera d'abord de le faire trotter par le secours de la longe & de la Chambriere, comme s'il n'y avoit personne dessus. Ensuite le Cavalier essaïera de le faire aller en avant sans l'aide de la Chambriere, en baissant les deux mains, serrant les Jarrets, & l'aidant un peu des gras de Jambes ; & il le tournera avec la rêne de dedans du Bridon, sans qu'on tire la longe. S'il refuse d'obéir à ces premieres aides, on se servira alors de la Chambriere & de la Longe comme auparavant, jusqu'à ce qu'il soit accoûtumé à fuir pour les Jambes, & à tourner pour la main du Cavalier.

Après avoir accoûtumé le Cheval à l'obéiſſance de cette premiere leçon, ce qu'il exécutera en peu de jours, ſi l'on s'y prend de la maniere que nous venons d'expliquer, il faudra alors lui ôter la longe, & le mener en liberté au Pas & non au Trot, ſur une ligne droite, le long de chaque muraille ou de la barriere, afin de lui faire connoître le terrain & lui apprendre à tourner aux deux mains. Lorſqu'il connoîtra ſon terrain, & qu'il obéira au Pas par le droit & en tournant, il faudra le trotter ſur les mêmes lignes droites, en examinant de quelle nature il eſt, pour proportionner ſon Trot à ſa diſpoſition, à ſa force, & à ſon courage. Mais s'il ſe défend, il faudra le remettre

à

à la longe sans personne dessus, & le châtier vigoureusement de la Chambriere, jusqu'à ce qu'il obéisse volontiers.

Il y a en général deux sortes de Natures de Chevaux. Les uns retiennent leurs forces, & sont ordinairement légers à la main; les autres s'abandonnent, & sont pour la plûpart pesans, mal-adroits ou tirent à la main. Il faut mener dans un Trot étendu & hardi ceux qui se retiennent, afin de leur dénouer, dégourdir & déployer les Epaules & les Hanches : & ceux qui sont naturellement pesans, qui s'abandonnent, ou qui tirent à la main, il faut que le Trot soit plus racourci & plus relevé, afin de les rendre légers du devant, & de les préparer à se mettre ensemble.

Comme ces premieres leçons

de Trot ne doivent pas avoir pour
but de faire la Bouche, ni d'af-
furer la Tête du Cheval, on ne fe
fert que du Bridon, qui eft excellent dans les commencemens
pour lui conferver la Bouche;
parce qu'il appuie très-peu fur les
barres, & point du tout fur la
Barbe. Voyez dans le Chapitre
Second la defcription du Bridon,
dont on fe fert pour acheminer les
jeunes Chevaux.

Lorfque le Cheval obéira facilement au Pas & au Trot avec
le Bridon, il faudra lui mettre
une Bride avec un fimple canon,
& une branche droite & longue,
qui eft l'embouchure qu'on donne aux jeunes Chevaux; ayant attention de mettre un Feûtre à
la Gourmette pour lui conferver
la Barbe.

Du Pas.

Il y a deux sortes de Pas, le *Pas de Campagne* & le *Pas d'Ecole*. Le premier est l'allure la plus douce & la plus commode, parce que dans cette action, le Cheval étendant ses Jambes en avant lentement & près de terre, il ne secoue pas le Cavalier comme dans les autres allures, où les mouvemens sont relevés & détachés de terre.

Le Pas d'Ecole, est un petit Pas racourci & rassemblé, dont on se sert pour faire la Bouche d'un Cheval, pour lui fortifier la mémoire, & pour le confirmer dans l'obéissance de la Main & des Jambes. On n'employe cette leçon, que lorsqu'un Cheval commence à s'assouplir, & à obéir facilement aux deux Mains.

Il ne faut pas tenir un jeune Cheval dans un Pas racourci & raſſemblé, avant qu'il y ait été préparé par les Arrêts & les demi-Arrêts, dont on parlera plus bas : c'eſt au Pas lent & un peu éten-du qu'il faut mener un Cheval qui commence à ſçavoir trotter, afin de lui donner de l'aſſûrance & de la mémoire. Pour rendre la leçon du Pas plus utile, il faut le mener ſur différentes lignes, droites, en le tournant tantôt à droite, tantôt à gauche, ſur une nouvelle ligne droite, plus ou moins longue, ſuivant qu'il ſe retient ou s'abandonne. On ne doit pas tourner tout court, ni tout le Corps du Cheval ſur ces dif-férentes lignes, mais ſeulement les Epaules, afin de lui appren-dre inſenſiblement à tourner avec facilité pour le port de la main, sans aucune observation de terrain, que celle de tourner, & d'aller droit suivant la volonté du Cavalier. Quand il sera obéissant à cette leçon, & qu'on voudra en faire un Cheval de promenade, il faudra le mener sur une longue & seule ligne droite, en pleine campagne, & non dans les bornes d'un Manège. Si le Cheval se rend paresseux au Pas, il faut le remettre au Trot vigoureux & hardi, pour lui donner ensuite un Pas diligent & étendu.

Du demi-Arrêt, de l'Arrêt & du Reculer.

Lorsqu'un Cheval marche, il est naturellement porté à se servir de la force de ses Reins, de ses Hanches & de ses Jarrets, pour

pousser son Corps sur le devant ;
ensorte que ses Jambes de devant
étant occupées à soutenir cette action, il se trouve nécessairement sur
les Epaules , ce qui incommode le
Cavalier. Pour remédier à ce défaut les hommes de Cheval ont
trouvé un reméde dans les leçons
qu'on appelle le *demi-Arrêt*, *l'Arrêt & le Reculer*.

Le demi-Arrêt dans lequel on
tient un Cheval un peu sujet de
la main , sans l'arrêter tout-à-fait,
se fait en retenant doucement
la main de la Bride près de soi ,
les ongles un peu en haut, pour
retenir & soutenir le devant du
Cheval , lorsqu'il s'appuie trop
sur le Mors , ou lorsqu'on veut le
ramener & le rassembler. L'Arrêt se fait de la même maniere ,
mais on retient la main de plus
ferme en plus ferme , pour obli-

ger le Cheval à s'arrêter tout-à-
fait.

Pour bien marquer un Arrêt ou
un demi-Arrêt, il faut en retenant la main de la Bride, chaſſer
un peu les Hanches avec le gras
des Jambes ; enſorte que le Corps
du Cheval ſe ſoutienne dans l'é-
quilibre ſur ſes Jambes de derriere, ſans ſe traverſer, c'eſt-à-
dire, que les Jambes de derriere
ſoient ſur la ligne des Epaules.
On ne doit pas marquer le tems
de la main d'un ſeul coup, mais
y préparer le Cheval en mettant
les Epaules en arriere, les Cou-
des joints au Corps, & tenant de
façon qu'il rallentiſſe ſon allure
pour le demi-Arrêt, ou qu'il ar-
rête tout-à-fait ſi on le juge à propos. Dans l'inſtant que le Cheval obéit à ce mouvement, il
faut lui faire une deſcente de

main pour lui repofer les barres,
& lui rendre la Bouche fraîche ; il
faut enfuite reprendre ou remarcher en avant.

Le propre de cette leçon eft de
raffembler les forces d'un Cheval, de le relever du devant, de
lui affûrer la Tête & les Hanches, & de le rendre léger à la
main : mais il faut qu'elle foit
proportionnée à la Nature du Cheval ; car on affoibliroit les Reins
& les Jarrets d'un jeune Cheval,
& on l'eftropieroit même pour
toujours, fi on lui marquoit trop
d'Arrêts & de demi-Arrêts avant
qu'il eût pris fa force. Outre les
jeunes Chevaux qu'il ne faut jamais preffer ni arrêter trop rudement, il y en a encore d'autres
fur lefquels il faut bien ménager
ce tems d'arrêts : ce font ceux qui
ont la Ganache trop ferrée, l'Encolure

colure mal faite & renverſée, les Reins, les Jarrets & les Hanches foibles; ceux qui ſont longs de corſage, ceux qui ſont enſellés, & ceux qui ſont trop ſenſibles, impatiens & coleres. C'eſt pourquoi les Arrêts & les demi-Arrêts fréquens ne ſont bons que pour ceux qui ont aſſés de vigueur dans les Reins, dans les Hanches & dans les Jarrets pour ſoutenir cette action. On remarque que les Chevaux aveugles s'arrêtent plus facilement que les autres, dans l'appréhenſion qu'ils ont de faire une fauſſe poſition.

La plus grande preuve qu'un Cheval puiſſe donner de ſes forces & de ſon obéiſſance, c'eſt de former un Arrêt ferme & léger après une courſe de vîteſſe ou un partir de Main; ce qui eſt rare à trouver, parce que pour paſſer ſi vîte d'une extrémité à l'autre, il faut qu'il ait la Bouche & les Hanches excellentes. On ne pratique ces fortes d'Arrêts que pour éprouver un Cheval lorfqu'on veut l'achetter.

Quand un Cheval fe retient naturellement, on ne lui demande des demi-Arrêts que pour lui donner de l'appui ; & s'il veut s'arrêter de lui-même, on le châtie de la Gaule & des Eperons pour lui faire craindre les Jambes & les Jarrets : fi au contraire il s'appuie trop fur la Main, les Arrêts & demi-Arrêts doivent être plus fréquens, & marqués feulement de la Main de la Bride, fans aide des Jarrets ni des gras de Jambes : & s'il continue de s'appuier & de s'abandonner fur la Main, en la forçant & en s'en allant malgré le Cavalier, il faut l'arrêter tout court, & le reculer pour le châtier de cette désobéissance.

Du Reculer.

A CHAQUE mouvement qu'un Cheval fait en reculant, une des Jambes de derriere est sous le Ventre ; il est tantôt sur une Hanche, & tantôt sur l'autre ; mais il ne peut long-tems soutenir cette action, & elle n'est utile, que lorsqu'il commence à s'assouplir, & à souffrir le demi-Arrêt & l'Arrêt. Comme cette leçon fait de la douleur aux Reins & aux Jarrets, il faut en user modérément dans les commencemens.

La situation de la Main de la Bride doit être la même pour le Reculer que pour l'Arrêt ; ensorte qu'après avoir arrêté le Cheval, il faut le retenir, comme si on

vouloit marquer un nouvel Arrêt ; & lorſqu'il obéit & qu'il recule un pas ou deux, il faut lui
rendre la Main & le flatter. S'il
s'obſtine à ne vouloir point reculer, un Homme à pied doit toucher légerement de la gaule ſur le
Poitrail, ſur les Genoux & ſur les
Boulets ; & pour peu qu'il obéiſſe,
c'eſt-à-dire, qu'il faſſe un ou deux
tems en arriere, il faut le careſſer.
Lorſqu'il obéira facilement à cette leçon, on lui apprendra à reculer droit, ſans ſe traverſer, afin
qu'il plie les deux Hanches également ſous lui en reculant. A chaque pas qu'il fait en-arriere, on
doit le tenir prêt à reprendre en-
avant pour les gras de Jambes,
de peur qu'en reculant trop vîte,
& précipitant ſes forces en arriere,
il ne faſſe une pointe, en danger
même de ſe renverſer ; ſurtout

s'il a les Reins foibles.

Après avoir reculé & arrêté un Cheval, il faut lui tirer doucement la Tête avec la rêne, tantôt à droite & tantôt à gauche, suivant la Main où il est le plus roide; on lui fait ensuite jouer le mors dans la Bouche, en badinant avec la rêne, ce qui l'accoutume à se plier du côté qu'il va, & le prépare pour la leçon de l'Epaule en dedans.

CHAPITRE IX.

De l'Epaule en-dedans, & de la Croupe au Mur.

De l'Epaule en-dedans.

LEs plus grands Maîtres de l'Art ont toujours regardé la foupleffe des Epaules, comme une qualité auffi difficile à donner à un Cheval, qu'elle eft utile pour le rendre agréable dans tous fes mouvemens. M. le Duc de Newcaftle, qui a fçavamment écrit fur cette matiere, prétend, qu'en menant un Cheval fur un cercle, *la Tête dedans, la Croupe dehors,* c'eft le moyen le plus sûr de lui affouplir parfaitement les Epaules; & fa méthode a paffé

L'EPAULE EN DEDANS
LA CROUPE AU MUR
ligne des Epaules.
ligne des hanches.
changement de main à droite
ligne des Epaules.
ligne des hanches.
L'Epaule en dedans à droite
a gauche
ligne des hanches.
la croupe au mur à droite
ligne du milieu du Manege
ligne des Epaules.
la croupe au mur à gauche.
ligne des hanches
dheulland Sculp.

jusqu'à présent pour la meilleure.
Voici de quelle façon il s'explique.

    « *La Tête dedans*, *la Croupe de-*
» *hors*, sur un cercle, met d'a-
» bord un Cheval sur le devant ;
» il prend de l'appui & s'assouplit
» parfaitement les Epaules.

    » Trotter & galoper, *la Tête*
» *dedans*, *la Croupe dehors*, fait
» aller tout le devant vers le cen-
» tre, & le derriere s'en éloigne,
» étant plus pressé des Epaules que
» de la Croupe.

    » Tout ce qui chemine sur un
» grand cercle travaille davanta-
» ge, parce qu'il fait plus de che-
» min que tout ce qui chemine
» sur un plus petit cercle, ayant
» plus de mouvement à faire, &c. »

    On voit par le propre raisonne-
ment de l'Auteur, qu'il convient
lui-même, que dans le cercle, *la*

Tête dedans, *la Croupe dehors*, les parties de devant font plus fujettes & plus contraintes que celles de derriere ; & que cette leçon met un Cheval fur le devant ; c'eft-à-dire, fur les Epaules. Cet aveu que l'expérience confirme, prouve évidemment que le cercle n'eft pas le vrai moyen d'affouplir parfaitement les Epaules d'un Cheval ; puifqu'il eft certain, qu'une chofe contrainte & appéfantie par fon propre poids, ne peut être légere.

La foupleffe des Epaules confifte dans le libre paffage des Jambes de devant, l'une pardeffus l'autre. Pour aquérir cette liberté, il s'agit de mettre un Cheval dans une pofture, où il foit obligé de faire à chaque mouvement ce paffage de Jambes ; & c'eft ce qu'il exécute évidemment dans la le-

çon qu'on appelle *l'Epaule en de-*
dans, dont voici l'explication.

Pour mettre un Cheval *l'Epaule*
en dedans, on doit d'abord le placer droit le long de la muraille
ou de la barriere : il faut enfuite
lui tirer la Tête & les Epaules
vers le dedans du Manège , lui
laiffer la Croupe fur la ligne de
la muraille, & le faire marcher
au pas dans cette pofture, le long
des quatre lignes droites, qui forment le quarré du Manège , en
l'aidant de la rêne & de la Jambe de dedans. Lorfque le Cheval
marche dans cette atitude , il décrit deux lignes droites, celle des
Epaules, & celle des Hanches.
La ligne des Epaules ou des Jambes de devant doit être , comme
on vient de le dire , en dedans
& vers le centre du Manège, à
la diflance d'environ un pied &

demi ou deux du mur ; & celle des Hanches , c'eſt-à-dire , des Jambes de derriere, doit toujours être ſur la ligne de la muraille : ce qui eſt rendu encore plus ſenſible dans le plan de terre , qui eſt au commencement de ce Chapitre, où l'on voit clairement ce paſſage de Jambes l'une pardeſſus l'autre , & la poſition des pieds du Cheval à chaque mouvement qu'il fait.

Avant que de mettre l'Epaule en dedans à un Cheval , il faut qu'il ſçache trotter librement aux deux mains, tant ſur la ligne droite que ſur le cercle ; qu'il obéiſſe facilement aux demi-Arrêts, aux Arrêts & au Reculer, & qu'il commence à ſe plier à la Main où il va.

La leçon de l'Epaule en dedans continuée & bien exécutée , ne

donne pas feulement une entiere
foupleffe aux Epaules ; mais elle
renferme encore deux autres avantages très-effentiels , qui font , de
mettre un Cheval fur les Hanches , & de lui apprendre à connoître & à fuir les Talons avec
facilité.

1°. Elle affouplit les Epaules ,
puifqu'à chaque pas qu'un Cheval fait dans cette atitude , il porte en avant la Jambe de dedans
de devant pardeffus celle de dehors ; & il ne peut faire cette action fans étendre les Mufcles de
l'Epaule , ce qui facilite & augmente le mouvement de cette
partie.

2°. Le même mouvement que
le Cheval fait dans cette atitude
avec les Jambes de devant , il
l'exécute auffi avec celles de derriere , en portant en avant la Jam-

be de derriere de dedans , & la plaçant fous le Ventre, au-deſſus & fur la ligne de celle de dehors; ce qui l'oblige de baiſſer la Hanche & de plier le Jarret, qui eſt ce qu'on appelle être fur les Hanches.

3°. La même leçon apprend auſſi à un Cheval à connoître & à fuir les Talons, ce qu'on appelle vulgairement *aller de côté*; parce qu'à chaque mouvement qu'il fait dans cette poſture , il eſt obligé de paſſer & de chevaler les Jambes l'une pardeſſus l'autre, tant celles de devant que celles de derriere : & c'eſt par là qu'il acquiert la facilité d'aller librement de côté à l'une & à l'autre Main.

Il faut encore obſerver, que lorſqu'un Cheval marche l'Epaule en dedans , tout fon Corps eſt plié en arc, ce qui lui fait plier les Côtes, dont la souplesse est absolument nécessaire pour faire agir les ressors des Epaules & des Hanches.

Il ne faut pas dans les commencemens trop contraindre un Cheval, ni le tenir trop longtems dans la sujettion d'une atitude, qui tient les Muscles de tout son Corps dans une continuelle contraction, jusqu'à ce qu'il ait acquis par de fréquentes leçons l'habitude d'obéir librement aux deux Mains.

La défense la plus ordinaire à un Cheval, lorsqu'on commence à lui demander cette leçon, c'est de mettre la Croupe en dedans au lieu des Epaules. On remédie à cette défense en le pinçant vivement du Talon de dedans, pour lui chasser les Hanches vers la

muraille; & lorfqu'on le pince,
il faut lui tenir la Tête en dedans.

Une autre défenfe, c'eft de s'acculer, & de fe coler contre le
mur ou la barriere pour embar-
raffer fon Cavalier. Le reméde à
celle-ci, eft de le mener fur une
ligne droite, éloignée de la muraille environ cinq ou fix pieds,
mais toujours parallele au mur,
& de lui tenir la Tête & les Epaules en dedans de la ligne des Hanches, comme fi on le travailloit
le long du mur.

Lorfque le Cheval commencera à obéir à la leçon de l'Epaule
en dedans aux deux Mains, il
faudra lui faire prendre les coins,
qui eft le plus difficile de cette leçon : il faut pour cela, au bout
de chaque ligne droite, faire entrer les Epaules dans le coin avec
la rêne de dedans, lui confervant

avec la même rêne la Tête placée en dedans ; & dans le tems
qu'on tourne les Epaules fur l'autre ligne, il faut avec la Jambe
de dedans faire paffer les Hanches par où les Epaules ont paffé.
Si le Cheval refufe de paffer la
Croupe dans le coin, en fe tenant
large du derriere, & en fe cramponnant fur la Jambe de dedans de
derriere, (défenfe la plus ordinaire aux Chevaux,) il faudra le
pincer du Talon de dedans, dans
le tems qu'on tournera les Epaules fur l'autre ligne.

Lorfqu'on change de Main dans
cette leçon, il faut traverfer le
Manège d'une muraille à l'autre,
fur une ligne droite & tranfverfa-
le, & tenir le Cheval dans la même
pofture où il étoit le long du mur,
c'eft-à-dire, la Tête & l'Epaule
en dedans de la ligne, comme il

eſt marqué dans le plan de terre.
Lorſqu'il eſt arrivé à l'autre Main,
il faut le remettre dans la poſture de l'Epaule en dedans à cette
main, afin de le rendre également
ment ſouple & obéiſſant aux deux
Mains.

Sur trois repriſes qu'on a coûtume de faire, & qui ſont ſuffi-
ſantes chaque fois qu'on monte
un Cheval, il faut lui en demander une au Trot hardi & déter-
miné; afin de le maintenir dans
la crainte & le reſpect pour la
Main & les Jambes du Cavalier.
Car il faut toujours revenir aux
principes qui regardent la ſimple
obéiſſance, juſqu'à ce qu'il ſoit
entierement libre & ſouple de tout
ſon Corps.

On croit avoir aſſés prouvé,
que la leçon de l'Epaule en dedans, exécutée de la maniere qu'on
vient

vient de l'expliquer, est le seul
& le vrai moyen d'assouplir &
de rendre obéissans toutes sortes
de Chevaux, quelques roides &
indociles qu'ils soient, on peut
même assurer hardiment, que toutes les autres méthodes n'opérent
qu'une fausse pratique, qui ne sert
qu'à confondre, avilir, étourdir
& tarabuster, pour ainsi dire, un
pauvre Animal, qui est continuellement obligé de partager son
martire avec celui qui le monte.
La démonstration publique que
l'on fait journellement de cette
leçon, & les progrès qu'elle opé-
re, font une preuve des plus con-
vaincantes de la vérité qu'on est
forcé d'avancer ici.

II. Part.

De la Croupe au Mur.

On appelle *mettre la Croupe au mur*, lorſqu'on fait aller un Cheval de côté le long d'une muraille, en lui tenant la Croupe vis-à-vis du mur, avec la Tête & les Epaules vers le centre du Manège ; comme on voit dans le plan de terre, qui eſt au commencement de ce Chapitre. Il faut que la Croupe ſoit à une diſtance raiſonnable du mur, de peur qu'il ne s'accule & ne ſe frotte la Queue en marchant.

Cette leçon eſt la ſuite de celle de l'Epaule en dedans, qui en eſt le fondement ; car lorſqu'un Cheval ſçait paſſer librement les Jambes de dedans, (à main droite par exemple) pardeſſus celles de dehors, en lui mettant les Epaules plus en dedans , & vis-à-vis le centre du Manège , il faut lui placer la Tête à gauche , & il se trouvera fuir le Talon droit , qui est *aller de côté à Main gauche*. Il en est de même lorsqu'on le fait aller l'Epaule en dedans à main gauche ; car en lui tournant les Epaules , vis-à-vis du centre du manège , & en lui plaçant la Tête à droite , il se trouvera fuir le Talon gauche , qui est ce qu'on appelle *aller de côté à droite*.

La leçon de la Croupe au mur est plus difficile à exécuter au Cheval , que celle de l'Epaule en dedans ; parce que dans celle-ci , il ne fait que croiser les Jambes en les étendant ; mais dans la Croupe au Mur , où il est plus racourci & tenu plus ensemble , il est obligé de chevaler plus circulairement les Jambes de dehors par deſſus celles de dedans.

Il y a trois choſes eſſentielles à obſerver dans la Croupe au mur , qui ſont, de faire marcher les Epaules avant les Hanches ; de plier le Cheval à la Main où il va , & d'empêcher qu'il ne ſorte de ſa ligne , ſoit en avançant , ſoit en reculant.

1°. Il ne faut pas que les Hanches marchent avant les Epaules ; car au lieu de paſſer les Jambes de dehors pardeſſus celles de dedans , il les paſſeroit pardeſſous, ou ſe heurteroit les Pieds en marchant , ce qui arrive ſouvent. La moitié des Epaules doit toujours marcher avant la Croupe ; enſorte que la poſition du Pied de dedans de derriere ſoit ſur la ligne du Pied de dehors de devant , comme il eſt marqué dans le Plan de terre.

2°. Il faut que le Cheval soit plié du côté qu'il va ; parce qu'un beau pli lui donne beaucoup de grace , & que dans cette posture l'action de l'Epaule de dehors est bien plus libre , que lorsqu'on le fait aller de côté tout d'une piéce.

3°. Il faut que le Cheval décrive deux lignes paralleles , celle des Epaules & celle des Hanches, sans avancer ni reculer : c'est pourquoi , on doit retenir de la Main celui qui sort de la ligne en avant , & chasser en avant celui qui se retient & s'accule dans le mur.

Si le Cheval se défend à la nouveauté de cette leçon , ce qui seroit une preuve qu'il ne sçauroit pas assez librement passer les Jambes ; il faut le remettre à la leçon de l'Epaule en dedans , qui servira de reméde aux défenses qu'il pourra faire contre les régles qu'on vient de preſcrire ; de même que le Trot eſt le correctif dont on ſe ſert pour les Chevaux qui ſe défendent à l'Epaule en dedans.

Pour divertir & délaſſer un Cheval de la ſujettion, où l'on eſt obligé de le tenir, lorſqu'il eſt dans la poſture de l'Epaule en dedans & de la Croupe au Mur, il faut ſouvent revenir aux premiers principes du Trot d'une piſte, ſur la ligne droite & ſur le cercle ; afin de l'entretenir & de le confirmer dans une action hardie & ſoutenue d'Epaules & de Hanches. Voici l'ordre qu'il faut obſerver pour mettre à profit ces leçons.

On doit commencer la premiere Repriſe par le mener au pas, l'Epaule en dedans ; & après un ou deux tours à chaque Main, on lui met la Croupe au mur, en le faifant aller de côté fur un Talon & fur l'autre, le long d'une feule muraille. On finit la Reprife en le menant droit dans les Talons, d'une pifte, fur la ligne droite du milieu du Manège. On lui apprend auffi fur la même ligne à reculer droit, dans la balance des Talons.

La feconde Reprife doit fe faire au Trot relevé & foutenu, toujours d'une pifte, & fans chercher à le plier ; lui demandant de tems-en-tems des demi-Arrêts, accompagnés de defcentes de Main & d'envie d'aller. On le finit du même Trot fur la ligne droite du milieu. La troifiéme Reprife fe fait comme la premiere, c'eft-à-dire, l'Epaule en dedans d'abord, la Croupe au mur enfuite, & on le finit toujours fur la ligne du milieu ; après quoi on le flatte, on le defcend , & on le renvoye à l'Ecurie.

En mariant ainfi enfemble ces trois leçons , d'Epaule en dedans, de Trot & de Croupe au mur ; on verra augmenter de jour-en-jour la foupleffe & l'obéiffance d'un Cheval , qui font , fuivant la définition qu'on en a donnée, les deux premieres qualités qu'un Cheval doit avoir pour être dreffé.

CHAP.

CHAPITRE X.

Du Piaffer dans les Piliers ;
du Passage ; des Change-
mens de Main , & du
Doubler.

Du Piaffer.

LE PIAFFER, qui est l'action du
Trot dans une place, apprend
à un Cheval à lever les Bras haut,
& à les plier de bonne grace. Cette cadence que produit le Piaffer,
met le Cheval dans une belle
posture, lui donne une démarche
noble & fiere, & lui rend les
ressors des Hanches doux & lians.

C'est dans les Piliers, qu'on régle un Cheval dans cet air de
passage fier & relevé, qui forme
le beau Piaffer. Les Piliers em-

II. Part.　　　　　　I

ployés avec intelligence, ont encore l'avantage de réveiller & de tenir dans une action brillante, ceux qui font endormis & pareffeux : on s'en fert auffi pour appaifer ceux qui font d'un naturel fougueux & colere, en leur donnant un mouvement écouté, foutenu & réglé ; ce qui les oblige de prêter attention à ce qu'ils font, & leur ôte la fougue & l'impatience. Par les avantages qu'on tire des Piliers, on doit les regarder, comme un moyen de découvrir la reffource, la vigueur, la gentilleffe & la difpofition d'un Cheval. Mais il faut beaucoup d'Art, de patience & d'intelligence, pour y régler les Chevaux de différente Nature ; & il n'eft point étonnant qu'ils caufent tant de défordres, lorfqu'on fe fert de cette méthode pour faire lever d'abord le devant à un Cheval, ce qui le met fur les Jarrets, lui apprend à fe cabrer & à faire des Elans & des Pointes. On ne doit donc avoir d'autre vûe, lorf-qu'on commence à mettre un Cheval dans les Piliers, qu'à lui ap-prendre à fe régler au Piaffer. Voi-ci comme on doit s'y prendre.

On attache les cordes du Cave-çon égales, & de façon que les Piliers foient vis-à-vis le milieu du Corps du Cheval. On a in-venté depuis peu un troifiéme Pi-lier, qu'on place à cinq ou fix pieds vis-à-vis, & d'égale hau-teur, à la Tête du Cheval : on paffe une longe de corde dans un anneau, qui eft au milieu de la Muferolle du Caveçon, & on at-tache l'autre bout de la longe à la tête de ce troifiéme Pilier. Cette nouvelle invention, qui eft très-

fimple, tient un Cheval dans le
refpect, l'oblige de donner dans
les cordes, l'empêche de reculer,
& même de fe cabrer.

Lorfque le Cheval eft ainfi attaché, il faut fe placer derriere
la Croupe, & commencer par le
faire ranger à droite & à gauche,
en lui donnant légerement de la
Chambriere fur la Feffe gauche,
pour le faire ranger à droite, &
fur la Feffe droite, pour l'obliger
de fe ranger à gauche. Quand il
obéit à cette premiere leçon, on
le chaffe en avant pour le faire
donner dans les cordes; & s'il
prend bien ce tems, c'eft-à-dire,
qu'il avance dans les cordes pour
la crainte de la Chambriere, on
le flatte & on le laiffe repofer
quelque tems. Il ne faut point lui
demander autre chofe jufqu'à ce
qu'il foit confirmé dans la fimple

obéiſſance de ſe ranger à droite & à gauche, & d'aller en avant pour la Chambriere.

Il ſe trouve des Chevaux, qui ſe voyant pris dans les Piliers, employent toutes les défenſes que leur malice peut leur ſuggérer. Les uns pleins d'inquiétude trépignent au lieu de Piaffer; les autres s'efforcent de faire des Pointes & des Elans dans les cordes; d'autres redoublent de fréquentes ruades, & ſe jettent contre les Piliers. Mais comme la plûpart de ces déſordres viennent le plus ſouvent de l'impatience de celui qui les châtie mal-à-propos dans les commencemens, il eſt aiſé d'y remédier en ne leur demandant que ce qu'on vient de preſcrire ci-deſſus.

Il y a des Chevaux qui ont les Hanches ſi roides & la Croupe ſi engourdie, qu'on eſt obligé de les faire ruer, pour leur dénouer les Jarrets, leur faire déployer les Hanches, & donner du Jeu à la Croupe. Quand la Croupe eſt devenue légere, & qu'on veut les empêcher de ruer, il faut les châtier de la Gaule ſur le Poitrail & ſur les Jambes de devant.

Quand le Cheval donnera en avant & droit dans les cordes, il faudra alors l'animer de la Langue, & lui faire peur de la Chambriere, pour lui tirer quelque cadence de Trot en place, droit & dans le milieu des Piliers, qui eſt ce qu'on appelle *Piaffer*; & s'il obéit il faut le flatter & le détacher pour ne pas le rebuter. Lorſqu'il commencera à connoître ce qu'on lui demande, il faudra continuer de le faire Piaffer autant de tems qu'on le jugera à

propos, & que fa difpofition le
permettra. Quand on voudra l'arrêter, on l'avertira de la voix,
en l'accoûtumant au terme de *hola*,
qui eft en ufage parmi les Hommes de Cheval.

On ne doit jamais monter un
Cheval qu'on dreffe, qu'auparavant on ne lui ait fait faire une ou
deux reprifes dans les Piliers, pour
le difpofer à mieux obéir aux leçons de l'Epaule en dedans, &
de la Croupe au mur dont on
vient de parler; & à celle du Paffage dont on va donner l'explication.

Du Paffage.

LE PASSAGE eft un moûvement
de Trot racourci, foutenu, relevé du devant, avancé & conti-
nué d'une mefure égale. L'action
I iiij

du Cheval au Paſſage eſt la même qu'au Piaffer; enſorte que pour
avoir une idée juſte de l'un & de
l'autre, il faut regarder le Piaffer
comme un Paſſage dans une place;
& le Paſſage eſt une eſpéce de
Piaffer, dans lequel le Cheval
avance environ un pied à chaque
mouvement; ce qui en fait la différence.

Dans les commencemens qu'on
paſſage un Cheval, il faut lui mettre une demie-Epaule en dedans,
c'eſt-à-dire, qu'étant plié à la Main
où il va, il doit poſer le Pied de
dehors de devant ſur la ligne de
celui de derriere de dedans. Lorſqu'il aura acquis aſſez de ſoupleſſe
dans cette poſture, il faudra le
mener tout-à-fait droit d'Epaules
& de Hanches, afin qu'il ſoit dans
l'équilibre & dans la balance, entre
les deux Talons. On doit lui conſer-

ver ce beau mouvement de Paſſage , que produit l'action de l'E-
paule libre , ſoutenuë , & également
ment avancée , autant que ſa diſpoſition le permettra.

Lorſqu'on change de Main au
Paſſage , il faut que ce ſoit de
deux piſtes, & que le Cheval faſſe
un pas de côté , & un pas en avant
ſur une ligne tranſverſale , comme il eſt repréſenté dans le Plan
de terre. On doit encore obſerver
que la moitié des Epaules aille
avant la Croupe , & que les Pieds
de derriere & ceux de devant ,
ſoient dans une juſte & même égalité de mouvement.

Une des Aides les plus ſubtiles
lorſqu'on paſſage un Cheval de
deux piſtes , ou lorſqu'on lui fait
prendre les coins , c'eſt de faire
paſſer librement l'Epaule & le Bras
de dehors pardeſſus celui de de-

dans, ce qui se fait par le moyen de la rêne de dehors, en portant la Main en dedans. Pour bien prendre ce tems, il faut sentir quel Pied pose à terre, & quel Pied est en l'air, & tourner la Main de la Bride dans le tems que le Pied de devant de dedans est en l'air & prêt à retomber, afin qu'en levant immédiatement après l'autre Pied de devant, il soit contraint d'avancer l'Epaule, & de chevaler le Bras de dehors pardessus celui de dedans.

Pour bien prendre les coins au Passage, il faut au bout de chaque ligne droite, lui demander trois ou quatre tems de Piaffer, avant que de le tourner sur l'autre ligne, en le tenant droit d'Epaules & de Hanches, avec la Tête placée en dedans : on doit aussi faire passer les Hanches par

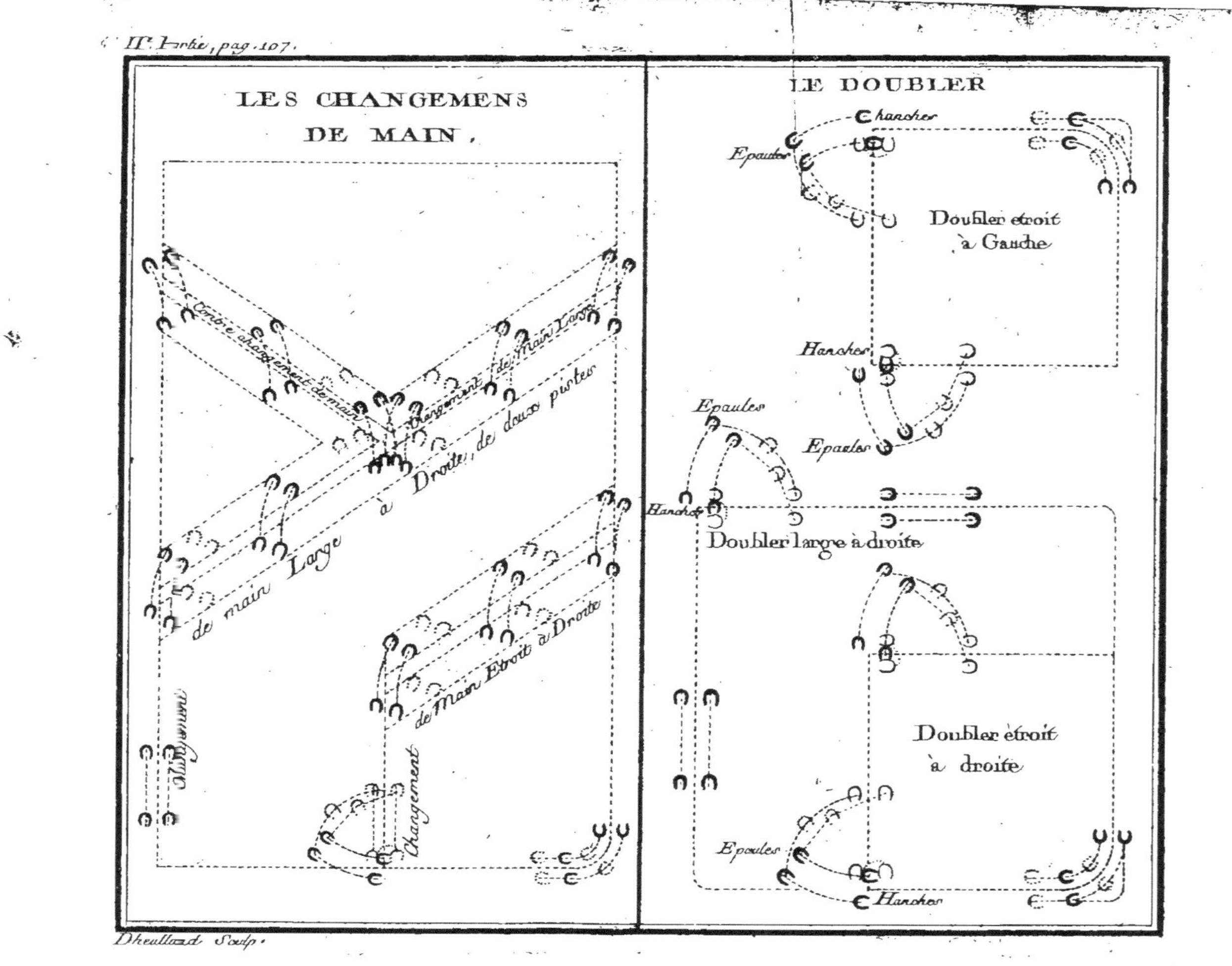

IIe. Partie, pag. 107.
LES CHANGEMENS
DE MAIN.
Contre changement de main
Changement de Main Large
Droite de deux pistes
de main Large
de Main Etroit à Droite
Changement
Changement
LE DOUBLER
Chancher
Epaules
Doubler etroit à Gauche
Hancher
Epaules
Epaules
Hancher
Doubler large à droite
Doubler etroit à droite
Epaules
Hancher
Dheulland Sculp.

où les Epaules ont paſſé, c'eſt-à-
dire, dans le coin ; afin qu'il ne
tourne pas tout d'une piéce.

Des Changemens de Main, & du Doubler.

ON appelle *Changement de Main*,
la ligne ou la piſte que décrit le
Cheval en traverſant le Manège
d'une muraille ou d'une barriére
à l'autre. Il y a des *Changemens de
Main larges* ; des *Changemens de
Main étroits* ; & des *Contre-chan-
gemens de Main*.

Le Changement de Main large,
ſe prend au quart de la ligne de
la muraille, qui eſt au - delà du
coin d'où l'on ſort ; juſqu'au quart
de la ligne de l'autre muraille,
qui eſt en-deçà du coin où l'on
va entrer, ce qui forme un ligne
tranſverſale.

Le Changement de Main étroit, se fait par le milieu du Manège, en avançant sur une ligne droite, plus ou moins longue, suivant la longueur du terrain.

Le Contre-changement de Main, est composé de deux lignes. La premiere, est celle du Changement de Main large, jusqu'au milieu de la place, où l'on avance deux ou trois pas ; & après avoir placé la Tête du Cheval à l'autre Main, on le ramene aux trois quarts de la ligne de la muraille qu'on vient de quitter. *Voyez le Plan de terre.*

Il faut à la fin de chaque Changement de Main, que les Epaules & les Hanches arrivent ensemble ; enforte que les quatre Jambes du Cheval se trouvent sur la ligne de la muraille, avant que de reprendre à l'autre Main. C'est ce qu'on appelle en terme de l'Art,

Fermer le Changement de Main.

A l'égard du *Doubler* ; c'eſt la diviſion du quarré long du Manège, en pluſieurs autres quarrés plus ou moins larges ou étroits ; ce qui forme ce qu'on appelle *Doubler large* , & *Doubler étroit.* On Double large lorſqu'on partage le Manège en deux , ſans changer de Main. Doubler étroit, c'eſt former un quarré dans un des quatre coins du Manège , en tournant le Cheval ſur la ligne du milieu , comme on peut le voir dans le Plan de terre.

Le difficile de cette action , c'eſt de tourner le devant du Cheval au bout de chaque ligne du quarré , ſans que la Croupe ſe dérange ; ce qui ſe fait en formant un quart de cercle avec les Epaules , & en tenant les Hanches dans la même place. Lorſque les Epaules font arrivées fur la ligne des Hanches, on continue d'aller en avant, jufqu'à l'autre coin du quarré. Ceci doit s'entendre des Doublers qui fe font hors des coins; mais fi les angles du quarré font formés par la rencontre de deux murailles, ce qu'on appelle proprement *les Coins*, il faut faire paffer les Hanches dans l'angle du coin, comme on l'a déja expliqué.

C'eft des différens quarrés, larges & étroits, qu'on tire toutes les proportions qui doivent s'obferver dans les Manèges bien réglés, & qui fervent à garder l'ordre qu'il faut tenir dans la diftribution du terrain. Si quelques Hommes de Cheval négligent cette régularité, il n'eft pas à propos de les imiter dans une pratique qui eft contraire à la jufteffe.

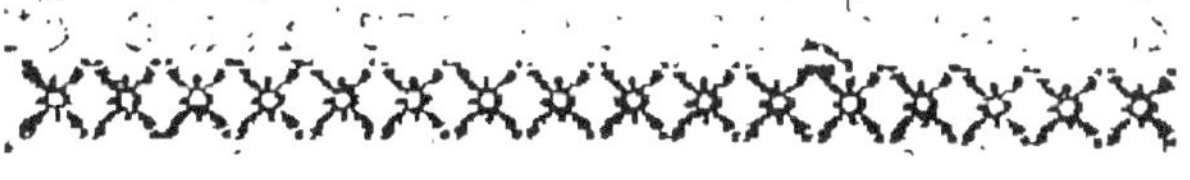

CHAPITRE XI.

De la Galopāde.

ON ne répétera point ici la définition qu'on a donnée dans le Chapitre des Allures Naturelles des différens mouvemens que le Cheval fait en galopant; on y renvoye le Lecteur.

On distingue deux sortes de Galop; sçavoir, le *Galop racourci*, qui est celui de Manège, qu'on appelle ordinairement, *Galopade*; & le *Galop étendu* ou *Galop de Chasse*, dont on parlera dans son lieu.

Pour faire une belle Galopade, le Cheval doit être racourci du devant, & diligent des Hanches; enforte que le derriere chasse le

devant d'une cadence égale &
tride, fans traîner les Hanches.
Mais avant que de mettre un Cheval dans ce Galop racourci, tride
& diligent, il faut qu'il ait été
affoupli au Trot; qu'il ait été arondi dans la posture de l'Epaule en
dedans, & qu'il obéiffe librement
aux Talons au Paffage de la Croupe au mur. Si-tôt qu'il fera par-
venu à ce point d'obéiffance, pour
peu qu'on le preffe, il fe préfen-
tera de lui-même au Galop; & il
ne tombera pas dans le défaut de
la plûpart des Chevaux, qu'on
galope avant que d'avoir été pré-
parés par les leçons qu'on vient
de dire. Ce défaut est, (dans le
Galop à droite, par exemple) de
porter la Jambe droite de derriere
trop écartée en dedans, & hors
de la ligne des Epaules. Par cette fauffe pofition, l'Epaule gauche

che du Cheval est reculée, & il
est panché à gauche; ce qui jette
le Cavalier en dehors, & le place de travers. C'est pour remédier
à ce défaut qu'il faut galoper un
Cheval l'Epaule en dedans dans
les commencemens, afin de lui
apprendre à porter la Jambe de
derriere de dedans au-dessus de
celle de dehors; & lorsqu'il aura
été assoupli & rompu dans cette
posture, il sera aisé de le faire
galoper les Hanches unies, & sur
la ligne des Epaules, ce qui met
le Cavalier à son aise.

Après la leçon ci-dessus, il faut
régler & confirmer le Cheval dans
la vraie cadence du Galop, par
les envies d'aller qui le détermi-
nent en avant; par les demi-Arrêts, qui lui relévent le devant,
& par les fréquentes descentes de
Main qui l'empêchent de s'appuier

II. Partie. K

sur le Mors , & lui rendent la bouche fraîche & légere.

Avant que de galoper un Cheval de côté dans les Changemens de Main, il faut qu'il ait été préparé dans le Galop de deux pistes la Croupe au mur ; & lorsqu'on le sentira assez obéissant à cette leçon, on pourra lui faire fournir une reprise entiere, en le portant en avant & de côté, sur la ligne transversale des Changemens de Main.

Lorsque le Cheval obéira librement aux deux Mains , dans le Galop d'une piste sur la ligne droite , & de deux pistes dans les Changemens de Main, il faudra le faire galoper *les deux bouts dedans*. Cette atitude consiste à mettre les deux Hanches un peu en dedans de la ligne des Epaules , en lui tenant la Tête en dedans ,

c'eſt-à-dire, plié à la Main où il
va. Ce Galop donne beaucoup de
grace à un Cheval ; parce qu'il
eſt obligé dans cette poſture de
baiſſer les deux Hanches ſous lui,
de relever le devant, & de prendre une cadence tride. Il ne faut
pas que les Hanches ſoient trop
en dedans, ce qui le rendroit large de derriere ; il faut au contraire
que les deux Pieds de derriere
ſoient près l'un de l'autre, & avan-
cés ſous le Ventre, afin qu'il puiſſe
mieux raſſembler ſes forces en galopant. On ne doit pas toujours
galoper un Cheval dans cette poſture, & il faut ſouvent le remettre dans un Galop uni d'Epaules
& de Hanches, c'eſt-à-dire, que
les Pieds de derriere marchent ſur
la ligne de ceux de devant, en le
tenant toujours un peu plié dans
ſon bout de devant.

K ij

Avant que de finir ce Chapitre, il est à propos de dire un mot de la maniere de sentir le Galop, qui est une chose essentielle à un Homme de Cheval, & que beaucoup de Cavaliers négligent faute d'attention. Voici un moyen très-simple & très-facile pour le sentir en peu de tems ; c'est de prendre un Cheval de campagne, qui ait le pas ferme & alongé, & de s'attacher à compter la position de chaque Pied de devant, en regardant d'abord le mouvement de l'Epaule, pour voir quel Pied pose à terre, & quel Pied léve. On compte ensuite chaque mouvement dans sa Tête : par exemple, lorsque le Pied gauche de devant se pose à terre, on compte *un* en soi-même, & quand le Pied droit se pose à son tour, on compte *deux* ; & ainsi de suite, en

comptant toujours en foi-même
un, deux.

Ce n'eft pas une chofe bien difficile de compter à la vûe cette
pofition de Pieds ; l'effentiel eft de
faire paffer ce fentiment dans les
Cuiffes & dans les Jarrets : il faut
pour cela, après avoir regardé
quelque tems le mouvement de
l'Epaule, ôter la vûe de deffus,
en continuant de compter *un,
deux.* On doit de tems-en-tems
regarder le mouvement de l'E-
paule, pour voir fi on ne fe trompe point. Avec un peu d'attention,
en obfervant cette méthode, on
fentira bientôt dans fes Jarrets &
dans fes Cuiffes, quel Pied pofe
& quel Pied léve. Lorfqu'on fera
fûr de cette pofition de Pieds au
pas, fans regarder l'Epaule, il
faudra s'y prendre de la même
maniere pour le Trot ; & en peu

de tems on le fentira au Galop ;
parce que la cadence des Pieds de
devant au Galop eſt *un*, *deux*,
comme au Trot. Quand on ſera
certain de ſentir la poſition des
Pieds de devant au Galop, il ſera
aiſé de ſentir celle des Pieds de
derriere ; car un Cheval déſuni
du derriere a le mouvement ſi incommode, que pour peu qu'un
Cavalier ſoit en Selle, il lui eſt
aiſé de ſentir le dérangement, que
cauſe dans ſon aſſiette ce mouvement déréglé.

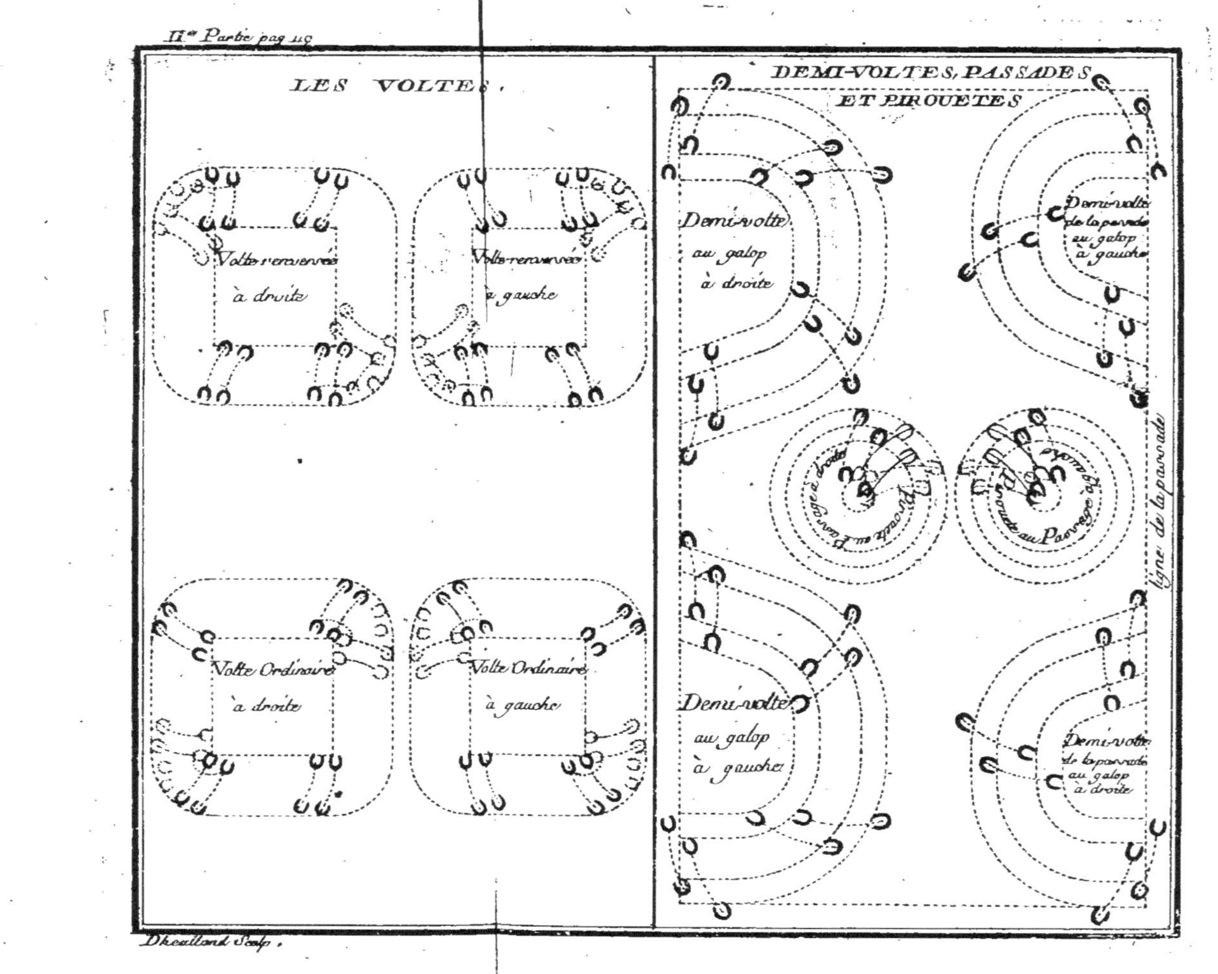

IIᵉ Partie pag 119
LES VOLTES.
DEMI-VOLTES, PASSADES ET PIROUETES
Volte renversée à droite
Volte renversée à gauche
Volte Ordinaire à droite
Volte Ordinaire à gauche
Demi-volte au galop à droite
Demi-volte de la parade au galop à gauche
Pirouette au Passage à droite
Pirouette au Passage à gauche
Demi-volte au galop à gauche
Demi-volte de la parade au galop à droite
ligne de la passade
Dheuilland Sculp.

CHAPITRE XII.

Des Voltes ; des demi-Voltes ; des Passades ; des Pirouettes, & du Terre-à-Terre.

LA VOLTE est composée de deux quarrés, sur lesquels on méne un Cheval de deux pistes, sur des lignes paralleles. Les Epaules décrivent le plus grand quarré, & les Hanches le plus petit. *Voyez le Plan de terre.*

Chaque ligne des Epaules doit être de quatre longueurs de Cheval, c'est-à-dire, d'environ 24. pieds, qui est le diamétre d'une Volte réguliere. On fait ordinairement les Voltes dans le milieu du Manège, & non dans les coins.

On distingue trois sortes de Voltes ; fçavoir, les Voltes ordinaires, les Voltes renverſées, & les Voltes redoublées. On appelle *Voltes ordinaires*, lofqu'on fait aller un Cheval de côté, fur un quarré, la Tête & les Epaules fur la ligne, qui eft la plus éloignée du centre, & les Hanches fur celle qui en eft la plus proche. C'eft le contraire dans la *Volte renverſée* ; ce font les Epaules qui décrivent la ligne, qui eft vis-à-vis du centre, & les Hanches marchent fur la ligne extérieure de la Volte. On entend par *Voltes redoublées*, plufieurs Voltes de fuite à la même Main.

Lorfqu'un Cheval va bien la Croupe au mur, au Paffage & au Galop aux deux Mains, fur l'un & l'autre Talon, c'eft-à-dire, à droite & à gauche, il faut commencer à le mener fur les Voltes.

La

La posture d'un Cheval dans la Croupe au mur, doit être toujours la même, dans les Voltes, dans les demi-Voltes, dans les Changemens de Main de deux pistes, dans les Pirouettes & demi-Pirouettes, & dans le Terre-à-Terre : il n'y a que la proportion & distribution du terrain qui en font la différence.

Il faut observer dans les Voltes ordinaires, que chaque coin du grand quarré doit être arondi avec les Epaules ; ce qui se fait en fixant les Hanches avec la Jambe de dehors ; & en faisant marcher diligemment les Epaules avec la Main de la Bride, pour gagner plus promptement l'autre ligne, ce qu'on appelle *embrasser la Volte*. C'est le contraire dans la Volte renversée, il faut à chaque coin arrêter un tems les Epaules pour faire faire un quart de cercle aux Hanches. *Voyez le Plan de terre.*

La pratique de ces régles sur le quarré de deux piftes, appropriée au naturel du Cheval, en retenant celui qui pefe & qui tire à la Main, en chaffant celui qui fe retient, en faifant marcher la moitié des Epaules avant la Croupe, en pliant le Cheval à la Main où il va, & en diligentant les Epaules dans chaque coin, ajufte peu-à-peu la Tête, le Col, les Epaules, le Corps & les Hanches, & prépare un Cheval à exécuter le plus beau, le plus brillant & le plus négligé de tous les Airs de Manège.

Avant que de galoper un Cheval fur les Voltes, il faut l'y mener au Paffage, jufqu'à ce qu'on le fente affez fouple & affez aifé, pour prendre de lui-même ce Galop racourci, diligent & coulé des Hanches, qui eſt le vrai Galop des Voltes. S'il ſe défend à la ſujettion de cette leçon, il faudra le remettre & le confirmer dans la leçon de la Croupe au mur, qui eſt le principe & le fondement de l'obéiſſance, & de la bèlle atitude que doit avoir un Cheval, lorſqu'il manie ſur les Voltes.

La DEMI-VOLTE eſt un changement de Main étroit de deux piſtes, qui ſe fait, ou dans la Volte, ou aux deux bouts d'une ligne droite.

Pour faire une demi-Volte dans la Volte, il faut tourner le Cheval ſur le milieu d'une des lignes du quarré, le porter en avant & de côté vers le centre de la Volte, & le tourner enſuite dans la même poſture pour le ranger de côté, ſur le milieu de la ligne ex-

térieure du quarré ; où étant arrivé des quatre Jambes , & droit
dans les Talons , (ce qu'on appelle *fermer la demi-Volte*) on le
porte ensuite en avant , d'une piste , jusqu'au premier coin , pour
lui faire reprendre la Volte à l'autre Main.

La demi-Volte qui se fait aux
deux bouts d'une ligne droite ,
plus ou moins longue , suivant la
volonté du Cavalier , est composée de trois lignes. Dans la premiere , on détache le Cheval de
la muraille , en le faisant aller de
côté , environ deux fois sa longueur , sans avancer ni reculer ;
on tourne ensuite les Epaules sur
une seconde ligne d'égale longueur ; & après l'avoir tourné sur
la troisiéme ligne , on le porte un
peu en avant , & l'on ferme la demi-Volte , en arrivant des quatre

Jambes fur la ligne de la muraille, afin qu'il puiſſe ſe ſervir de ſes deux-Hanches enſemble, pour reprendre à l'autre Main.

Il ne faut pas mettre un Cheval ſur les demi-Voltes, qu'il ne ſçache exécuter librement une Volte entiere ; parce que dans une proportion de terrain plus étroite, il pourroit ſe ſerrer & s'acculer. Il faut ſouvent auſſi varier l'ordre de la leçon ; car ſi on faiſoit toujours les demi-Voltes dans le même endroit, le Cheval prémédi-tant la volonté du Cavalier, voudroit les faire de lui-même.

La PASSADE eſt une ligne droite, ſur laquelle on paſſe & repaſſe, (ce qui lui a donné le nom de *Paſſade*) aux deux bouts de laquelle on fait une demi-Volte.

La ligne droite de la Paſſade doit être d'environ cinq longueurs

de Cheval, & chaque demi-Volte
doit avoir une longueur de Cheval dans sa largeur; ensorte que
la demi - Volte de la Passade est
plus étroite de la moitié que la
demi-Volte ordinaire ; parce que
ce Manège étant fait pour le combat, il faut que le Cheval se re-
tourne promptement, afin d'aller
plus diligemment à la rencontre
de son ennemi : il doit aussi faire
cette action sur les Hanches, afin
d'être plus ferme sur ses Pieds de
derriere, & ne pas glisser.

Il y a deux sortes de Passades.
Celles qui se font au petit Galop, tant sur la ligne de la Passade que sur les demi - Voltes ; &
celles qu'on appelle *Passades fu-*
rieuses, dans lesquelles on échapé
son Cheval de vîtesse, depuis le
milieu de la ligne droite, jusqu'à
l'endroit où l'on marque l'arrêt,

pour former la demi-Volte. Les Paſſades doivent ſe faire ſur la ligne du milieu du Manège; car cet Exercice étant fait pour le Combat, il faut qu'il ſe faſſe en liberté, afin de pouvoir aller librement à la rencontre de ſon Ennemi.

La PIROUETTE eſt une Volte dans la longueur du Cheval. Les Hanches reſtent dans le centre, & les Epaules fourniſſent le cercle. Dans cette action la Jambe de derriere de dedans tourne dans une place, ſans ſe lever, & ſert comme de pivot, autour duquel les trois autres Jambes & tout le Corps du Cheval tournent; enſorte que ſans déranger les Hanches, la Tête & les Epaules ſe retrouvent dans l'endroit d'où elles ſont parties.

La DEMI-PIROUETTE eſt une de-
L iiij

mi-Volte dans la longueur du Cheval. Les Hanches reſtent dans une même place , comme dans la Pirouette, & les Epaules forment le demi-cercle.

Les Pirouettes & les demi-Pirouettes ſe font d'abord au Pas ; & ſi le Cheval eſt aſſez libre d'Epaules , ferme & aſſûré ſur ſes Hanches, pour exécuter diligemment ce Manège , on les lui fait faire au Galop. On fait auſſi pluſieurs Pirouettes à une même Main, ſi la diſpoſition du Cheval le permet.

Le TERRE-A-TERRE eſt un Galop en deux tems, de deux piſtes, dans lequel le Cheval étant plus raſſemblé & plus racourci que dans le Galop ordinaire , il léve les deux Jambes de devant enſemble, & les poſe à Terre de même : le derriere accompagne

cette action d'un même mouvement ; ce qui forme une cadence
tride & baffe, dans laquelle il
marque tous les tems avec un fredon de Hanches, qui part comme d'une efpéce de reffort. Cet
Exercice eft violent, & peu de
Chevaux font capables de l'exécuter avec toute la netteté & la
juftefle néceffaires ; c'eft pourquoi
il faut bien ménager les refforts
d'un Cheval dans les commencemens qu'on le met à ce Manège,
& il faut fouvent le délaffer, en
le remettant au petit Galop écouté.

CHAPITRE XIII.

Des Airs Relevés.

De la Pesade ; du Mezair ; de la Courbette ; de la Croupade ; de la Balotade ; de la Capriole, & du Pas-&-le-Saut.

TOus les Airs détachés de terre, s'appellent *Airs relevez*. Ils sont au nombre de sept ; sçavoir, *la Pesade, le Mezair, la Courbette, la Croupade, la Balotade, la Capriole*, & le *Pas-&-le-Saut*.

La PESADE est un Air dans lequel le Cheval léve le devant haut, dans une place, en tenant les Pieds de derriere fermes à terre.

Quoique ce ne foit point, à proprement parler, un Air relevé que
la Pefade, parce que le derriere
ne fe détache point de terre ; on
la met cependant à la Tête de
tous les Airs relevés, comme en
étant le fondement & la premiere
régle.

Il ne faut pas confondre avec
la Pefade, la pointe que fait un
Cheval lorfqu'il fe cabre, quoiqu'il léve le devant haut ; parce
que dans la Pefade, il doit être
dans la Main, plier les Hanches
& les Jarrets fous lui, ce qui l'empêche de lever le devant plus haut
qu'il ne doit ; & dans la Pointe,
il eft étendu roide fur fes Jarrets,
hors de la Main, & en danger
de fe renverfer.

Le MEZAIR, ou *moitié-Air*, eft
une efpéce de demi-Courbette,
dont le mouvement eft moins dé-

taché de terre, plus bas, plus coulé & plus avancé, que la vraie
Courbette. Cet Air qui n'eft, pour
ainſi dire, qu'un Terre-à-Terre
relevé, s'employe dans les Changemens de Main de deux piſtes,
& dans les Voltes & demi-Voltes ; car il n'eſt pas d'uſage d'aller
d'une piſte au Mezair, ni au Terre-
à-Terre. On ſe ſert des mêmes régles pour mettre un Cheval à l'un
& à l'autre de ces deux Airs.

La Courbette eſt un Saut plus
relevé du devant, plus écouté &
plus ſoutenu que le Mezair : les
Hanches doivent rabattre & accompagner le devant d'une cadence égale, tride & baſſe. Cet
Air eſt le plus beau & le plus en
uſage de tous les Airs relevés :
on finit ordinairement chaque repriſe à Courbertes, ſur une ligne
droite, par le milieu de la place,

ce qu'on appelle, *faire un droit de Courbettes*, & le dernier tems par une Pesade.

La CROUPADE & la BALOTADE, font deux Airs, qui ne différent entr'eux, que dans la situation des Jambes de derriere. Dans la Croupade, le Cheval trousse & retire ses Jambes de derriere sous son Ventre, sans faire voir ses fers; & dans la Balotade, il montre les fers des Pieds de derriere, comme s'il vouloit ruer, sans pourtant détacher la ruade, comme dans la Capriole.

La CAPRIOLE est le plus élevé & le plus parfait de tous les Sauts. Lorsque le Cheval est en l'Air, il détache vivement la ruade, les Jambes de derriere sont près l'une de l'autre, & il les alonge aussi loin qu'il lui est possible de les étendre; quelquefois même les

Jarrets craquent par la subite & violente extension de cette partie.

Afin qu'une Capriole soit dans sa perfection, le Cheval doit lever le devant & le derriere d'égale hauteur ; c'est-à-dire, qu'il faut qu'au haut de son Saut, la Croupe & le Garot soient de niveau.

Il y a des Chevaux qui retombent des quatre Pieds ensemble, dans la même place, & dans l'instant ils se relévent d'un seul & même tems, de la même force, de la même légereté, & de la même cadence, en continuant cet Exercice autant que la vigueur leur permet de le fournir. Ce Manège s'appelle, *Saut de ferme-à-ferme.*

Le PAS-ET-LE-SAUT est un Air qui se forme en trois tems : le premier, est un tems de Galop ra-

courci ou de Terre-à-Terre; le
second, une Courbette ; & le
troisiéme, une Capriole, & ainsi
de suite. Le Cheval se sert de ces
deux premiers tems, pour mieux
s'éléver à celui de Capriole. Ce
font les Chevaux qui ont plus de
légereté que de force, qui prennent cet Air.

Il y a des Chevaux qui font de
tems à autre quelques Sauts de
gayeté en galopant; ce qu'on appelle *Galop gaillard*; ce font ceux
qui ont trop de Rein & trop de
repos. Ce Manège ne doit pas pas-
fer pour un Air relevé, puisqu'il
naît du caprice & de la fantaisie
du Cheval. On connoit feulement
par-là fa difpofition naturelle à
fauter, fi cette gayeté lui eft ordinaire.

Il faut qu'un Cheval ait une inclination naturelle, & qu'il fe pré-

sente de lui-même à quelque Air, avant que de l'y régler, autrement on perdroit son tems, on le rebuteroit & on le ruineroit au lieu de le dresser. Il n'y a que les Chevaux de bonne force, c'est-à-dire, ceux qui sont nerveux & légers, qui distribuent leurs forces naturellement, uniment, & de bonne grace, qui ont l'appui de la Bouche assûré & léger, les Membres forts, les Epaules libres, les Boulets, les Pâturons, & les Pieds bons, & qui sont de bonne volonté, qui puissent résister aux Airs relevés.

Lorsqu'un Cheval est rendu obéissant à la leçon de l'Epaule en dedans, & de la Croupe au mur, & qu'il est confirmé au Piaffer dans les Piliers, (principes sans lesquels un Cheval ne peut être bien dressé à aucun Air) il faut

faut commencer par le lever à Pesades dans les Piliers, en touchant de la Gaule sur le Poitrail, sur les Genoux & sur les Boulets, afin de lui apprendre à lever le devant légerement, à plier les bras de bonne grace, & à s'affermir sur les Hanches.

Il y a des Chevaux, qui au lieu de plier les Genoux, alongent les Jambes en avant, ce qui est une vilaine action. On corrige ce défaut en leur appliquant vivement de la Gaule sur les Jambes de devant.

Il y en a d'autres qui lévent le devant d'eux-mêmes, sans qu'on leur demande, en se cramponnant sur les Pieds de derriere : le châtiment pour corriger ceux-ci, c'est de les faire ruer, en leur donnant de la Chambriere sur les Fesses, pour leur détacher & dé-

II. Part.   M

nouer les Hanches. Pour éviter
ces désordres , il faut toujours
commencer & finir chaque Reprise par faire piaffer un Cheval ;
& dans l'intervale on lui demande quelques tems de son Air , en
l'obligeant de suivre la volonté
du Cavalier.

Lorsque le Cheval obéira facilement à Pesades dans les Piliers,
il faudra le mener en liberté , &
lui en demander une ou deux à la
fin de chaque reprise , sur la ligne
du milieu, sans qu'il se traverse.
S'il s'appuie ou tire à la Main lorsque les Pieds de devant retombent à terre , il faut le reculer,
léver ensuite une Pesade , & le
caresser : s'il se retient & s'accule
au lieu de lever le devant, on
doit le chasser en avant ; & dans le
tems qu'il prend les Jambes , marquer un Arrêt suivi d'une Pesade.

Comme les Chevaux les plus fages marquent toujours quelque fentiment de colere, lorfqu'on commence à les mettre aux Airs relevés, il faut les ménager dans les commencemens, de peur qu'ils ne s'endurciffent, ne perdent l'habitude de tourner facilement, ou ne fe lévent lorfqu'on ne leur demande pas cette action : tous vices qu'il eft aifé de corriger, en leur demandant peu d'abord, & en les remettant fouvent à la leçon de l'Epaule en dedans, & de la Croupe au mur, quelquefois même à celle du Trot : par ce moyen ils fe maintiendront dans l'obéiffance.

Pour faire rabattre les Hanches à un Cheval dans l'Air de Courbettes, & que le derriere accompagne le devant d'une cadence tride & égale, qui eft la beauté

de cet Air, il faut, après l'avoir
soutenu de la Main pour le détacher de terre, le secourir des
gras de Jambes, dans l'instant que
le devant est prêt à retomber,
sans pourtant l'aider trop ; car
lorsqu'il commence à s'ajuster,
& qu'on garde l'équilibre dans
une posture droite & libre, le
seul mouvement du Cheval fait
que les Jambes du Cavalier l'ai-
dent naturellement, à moins qu'il
ne se retienne ; auquel cas il faut
se servir plus vigoureusement de
ses aides, & même le pincer, s'il
refuse d'obéir, & après le châtiment il faut se relâcher.

Les Courbettes doivent être
ajustées au naturel du Cheval.
Celui qui a trop d'appui doit les
faire plus racourcies & plus sou-
tenues ; & celui qui se retient doit
les avancer davantage.

Pour faire aller un Cheval à
Courbettes de deux piftes, il
faut dans l'inftant que le devant
retombe à terre, le ranger un
tems de côté, enfuite une Courbette, & ainfi alternativement.
On ne doit pas tenir les Hanches
autant dedans à Courbettes qu'au
Terre-à-Terre ; & lorfqu'on méne un Cheval fur les Voltes à cet
Air, il faut aux quatre coins de
la Volte, lui faire tourner promptement les Epaules fur l'autre ligne, fans le lever en tournant.
On ne doit pas non plus le plier
trop, mais il doit regarder feulement d'un œil dans la Volte.

Il y a encore deux manieres de
mener un Cheval à Courbettes,
qu'on appelle, la *Croix à Courbettes*, & *la Sarabande à Courbettes*.
Par la Croix, on entend un droit
à Courbettes en avant, fur une

ligne droite ; revenir en arriere
fur la même ligne, en reculant un
tems fuivi d'une Courbette, &
ainfi de fuite ; remarcher du même Air en avant jufqu'au milieu
de la ligne ; le ranger enfuite de
côté à droite, fur une ligne tranf-
verfale ; revenir à gauche fur la
même ligne, & lui faire faire autant de tems à gauche, au-delà
du milieu de la ligne, qu'on lui
en a fait faire à droite ; on revient
enfin au milieu de la ligne droite le finir par une Pefade.

La Sarabande à Courbettes,
confifte à faire deux Courbettes
en avant, autant en arriere ; deux
autres de côté à droite, autant à
gauche ; & ainfi de fuite, fans
obferver de proportion de terrain
comme dans la Croix. Il faut
qu'un Cavalier foit bien maître
de fes Aides, & que le Cheval

foit bien nerveux, bien agile, &
bien ajufté, pour exécuter ces
deux Manèges dans toutes les régles de l'Art.

A l'égard des trois derniers Airs
de Croupade, de Balotade & de
Capriole, qui font plus relevés du
devant & plus détachés de terre du derriere que la Courbette,
il faut que les Pefades dans les
Piliers, qui font le principe de
tous les Airs relevés, fe faffent lentement dans les commencemens,
& hautes du devant, afin qu'il ait
le tems d'ajufter fes Pieds de derriere pour partir à fon Air ; & il
faut qu'il léve fans colere.

Lorfqu'il lévera facilement le
devant, il faudra lui apprendre à
détacher de terre le derriere, par
le moyen de la Chambriere, &
prendre le tems pour l'appliquer,
que le devant foit en l'Air & prêt

à retomber; car si on lui en donnoit dans le tems qu'il commence à lever le devant, il feroit une Pointe au lieu de sauter, & se roidiroit sur ses Jarrets. Lorsque le Cheval se détache bien de terre pour la Chambriere, il faut se servir du Poinçon au lieu de Chambriere; & l'appuyer sur le milieu de la Croupe, lorsque le devant est en l'Air, & prêt à retomber, comme on vient de l'expliquer.

Quand le Cheval sçaura se lever dans les Piliers, soit à Croupades, à Balotades, ou à Caprioles, il faudra le passager en liberté, & lui dérober quelques tems de son Air, sur la ligne droite du milieu du Manège, en l'accoutumant comme dans les Piliers à lever le devant haut; ce qui se fait en le soutenant de la Main, & en touchant de la Gaule

fur l'Epaule ; lorfque le devant eft
en l'Air, on croife la Gaule fous
le Bras droit, pour toucher de la
Pointe fur la Croupe, afin de faire
accompagner le derriere. On applique auffi quelquefois le gros
bout de la Gaule fur la Croupe
en forme de Poinçon, après l'a-
voir rendu pointu. Lorfque le
Cheval commence à fe régler à
fon Air, il faut au haut de chaque Saut, le tenir un inftant de
la Main, comme s'il étoit fufpen-
du, ce qu'on appelle *foutenir*.

Comme le mouvement de la
Capriole eft plus étendu & plus
pénible que celui de tout autre
Air, il faut que l'efpace du terrain foit moins limité, afin de
donner plus de vigueur & de légereté aux Sauts. On ne doit pas
dans aucun des Airs relevés, fuivre du Corps les tems de chaque

II. Part.   N

Saut; mais se tenir de façon, qu'il
paroisse que les mouvemens que
l'on fait soient autant pour em-
bellir sa posture, que pour aider
le Cheval.

CHAPITRE XIV.

Des Chevaux de Guerre, de Chasse, & de Carosse.

Des Chevaux de Guerre.

TOUT ce qui se pratique dans les Manèges bien réglés, est l'image des différentes Evolutions de Cavalerie qui se font dans les Armées.

Le Passage donne une démarche noble & fiere au Cheval que monte un Officier à la tête d'une Troupe. La connoissance des Talons lui apprend à serrer les rangs dans l'Escadron ; les Voltes, à entourer diligemment son Ennemi ; les Passades, à aller à sa rencontre, & à revenir promptement

N ij

fur lui ; les Pirouettes & les demi-
Pirouettes lui apprennent à fe retourner avec plus de vîtesse dans
un combat ; & les Airs relevés
lui donnent la légereté dont il a
befoin pour franchir les Hayes
& les Fossés, ce qui contribue à
la sûreté & à la confervation de
celui qui le monte.

La Taille d'un Cheval de Guerre, doit être de quatre Pieds, neuf
à dix pouces de hauteur, en le
mefurant depuis le bas du Talon
des Pieds de devant, jufqu'au
haut du Garot. Il faut qu'un Cheval de Guerre ait la Bouche bonne, c'eft-à-dire, qu'il foit léger à
la Main, avec la Tête affûrée,
fans trop d'appui ; qu'il foit de
bonne Nature, fage, fidéle, hardi,
nerveux ; d'une force pourtant qui
ne foit pas incommode au Cavalier, mais liante & fouple : il doit

avoir l'Eperon fin & les Hanches bonnes : il ne faut pas qu'il foit aucunement vicieux ni ombrageux ; car ce feroit trop d'avoir fon Ennemi à combattre & fon Cheval à corriger ; & l'on remarque que les Chevaux naturellement malins, retombent toujours dans leur vice, quelque bien dreffés qu'ils paroiffent : ce qui prouve que l'Art le plus fubtil ne peut tout-à-fait effacer ni vaincre les vices naturels.

Lorfqu'on trouve un Cheval, qui a naturellement les qualités que l'on vient de décrire, il eft aifé à un Homme de Cheval de le dreffer pour la Guerre, en fuivant les régles qu'on a ci-devant prefcrites ; c'eft-à-dire, qu'après lui avoir donné la premiere foupleffe au Trot, il faut le confirmer dans les leçons de l'Epaule

en dedans , & de la Croupe au
mur; lui apprendre à tourner diligemment & facilement fur les
Voltes de Combat; (ce font celles qui fe font fur un cercle étroit,
la demi-Hanche dedans;) le rendre obéiffant au partir de la ligne droite des Paffades; facile &
aifé à fe raffembler aux extrémités de la même ligne , pour former
diligemment la demi-Volte à chaque Main ; prompt & agile à fe
retourner preftement fur les Pirouettes & demi-Pirouettes. Voilà
effentiellement, ce qu'un Cheval
de Guerre doit fçavoir du côté de
la foupleffe & de l'obéiffance ;
mais une chofe abfolument né-
ceffaire, c'eft de l'aguerrir au bruit
des Armes, en l'accoûtumant au
feu , à la fumée, & à l'odeur de
la Poudre; au bruit des Tambours,
des Trompettes, des Armes blan-

ches, & autres rumeurs guerrie-
res.

La méthode de faire tirer un coup de Piftolet dans l'Ecurie, & de battre la Caiffe avant que de donner l'Avoine aux Chevaux, eft excellente; parce que cela les ac- coûtume à fe réjouir à ce bruit, comme ils font ordinairement au fon du Crible. Une autre façon d'accoûtumer un Cheval au feu, & à tout ce qui peut lui faire om- brage, c'eft de l'attacher dans les Piliers; de lui faire d'abord voir & fentir un Piftolet; de faire jouer la Batterie pour l'accoûtu- mer au bruit de la détente & du cliquetis; enfuite brûler une amor- ce, le dos tourné vis-à-vis de fa Tête; s'en approcher après pour lui faire fentir le Piftolet, afin de l'accoûtumer à l'odeur de la fu- mée.

N iiij

Il faut toujours le flatter de la main en s'en approchant ; car ce n'eſt que par la douceur & les careſſes, qu'on apprivoiſe ces Animaux. Lorſqu'il eſt fait à la fumée & à l'odeur de la Poudre, il faut commencer à tirer, en mettant une petite charge d'abord : on tire le dos tourné, & un peu éloigné du Cheval ; on revient après le coup lui faire ſentir le Piſtolet, & le flatter. Suivant qu'il s'accoûtume on augmente la charge, on tire de plus près, & enfin on tire de deſſus. Il faut employer la même douceur & la même patience pour l'accoûtumer au bruit du Tambour, au mouvement de l'Etendard, & à celui des Armes blanches.

Ce n'eſt pas ſeulement dans les bornes d'un Manège, qu'il faut accoûtumer un Cheval de Guerre à tout ce que l'on vient de dire : il faut le mener souvent en pleine Campagne & dans les grands chemins, où il se trouve une infinité d'objets, qui effrayent les Chevaux qu'on sort rarement.

Des Chevaux de Chasse.

LA Chasse étant un Exercice aussi utile pour la santé, qu'il est propre à entretenir le Corps dans une vigueur martiale, il n'est point étonnant qu'il fasse le plus solide plaisir des Princes & de la Noblesse ; mais comme la plûpart des accidens qui y arrivent, sont causés par des Chevaux mal-choisis ou mal-dressés, on ne sçauroit rechercher avec trop de soin, tout ce qui peut conduire à la connoissance d'un bon Cheval de Chasse, & à la facilité de le dresser à cet usage.

Le choix d'un bon Coureur est très-difficile à faire ; car outre les qualités extérieures des autres Chevaux, il doit encore avoir particulierement beaucoup d'haleine, de légéreté & de sûreté. Ces qualités doivent lui être naturelles ; l'Art ne peut tout au plus que les perfectionner.

Un Cheval de Chasse ne doit pas être trop traversé ni trop racourci de Corps ; parce que ces sortes de Chevaux n'ont pas ordinairement l'haleine, & la facilité nécessaires aux bons Coureurs. Il doit être un peu long de Corps, relevé d'Encolure, & avoir les Epaules libres & plates, les Jambes larges & nerveuses, sans être trop long-jointé ; il faut avec cela qu'il soit naturellement vîte, sensible à l'Eperon, & dans un appui léger.

On eſt fort dans le goût des Chevaux Anglois pour la Chaſſe, parce qu'ils ſont plus vîtes, & qu'ils ont plus d'haleine que les autres Chevaux; mais ils ont pour la plûpart un défaut eſſentiel, qui eſt d'avoir le Galop rude & incommode, ce qui provient de la roideur de leurs Membres. Il feroit aiſé de leur corriger ce défaut, en les aſſoupliſſant par les régles de l'Art, avant de les faire courre, ils galoperoient plus commodément, plus ſûrement, & ne ſe ruineroient pas ſi-tôt les Jambes.

Le Trot, qui eſt la premiere régle pour aſſouplir toutes ſortes de Chevaux, doit être plus étendu & plus alongé, que relevé, dans un Cheval de Chaſſe, afin de lui apprendre à bien déployer les Bras & les Epaules. Le Bridon eſt excellent pour donner cette premiere ſoupleſſe à un Cheval: on peut avec cet inſtrument, le plier facilement ſans trop le gêner; lui apprendre à tourner promptement & librement aux deux Mains, ſans lui offenſer les barres & la place de la Gourmette, ni lui déranger la Bouche. Il faut le trotter aux deux Mains ſans aucune obſervation de terrain, mais varier à tous momens l'ordre de la leçon du Trot, le tournant tantôt à droite, tantôt à gauche ſur un cercle; quelquefois ſur une ligne droite, plus ou moins longue, ſuivant qu'il ſe retient ou s'abandonne. On doit le tenir ſur la leçon du Trot, juſqu'à ce qu'il obéiſſe au moindre mouvement de la Main & des Jambes, & qu'il ait acquis la facilité de tourner promptement & librement aux

deux Mains. Lorſqu'il eſt à ce
point, on lui met un mors convenable à ſa Bouche; après quoi
on lui donne la leçon de l'Epaule en dedans, non ſeulement pour
lui aſſouplir les Côtes, lui faire
connoître les Jambes, & lui faire la Bouche; mais eſſentielle-
ment pour lui apprendre à avancer la Jambe de dedans de derriere ſoûs le Ventre, qui eſt une
qualité abſolument néceſſaire dans
un Cheval de Chaſſe, afin qu'il
galope plus uniment, plus commodément, & de meilleure grace.

Après la leçon du Trot perfec-
tionnée par celle de l'Epaule en
dedans, des Arrêts, des demi-
Arrêts, & du Reculer; il faut le
galoper pour lui augmenter la légéreté des Epaules, lui aſſûrer &
adoucir l'appui de la Bouche, & le
confirmer dans l'habitude du Ga-

lop de Chaſſe. Il ne faut pas que
le Galop ſoit trop relevé , ni trop
près de terre. Par le premier défaut , il feroit ce qu'on appelle
Nager en galopant , & il ne pourroit s'étendre : & le ſecond défaut le feroit broncher pour la
moindre pierre ou éminence qu'il
rencontreroit , en raſant de trop
près le Tapis.

Lorſqu'on commence à galoper
un Cheval deſtiné pour la Chaſſe ,
il faut le mener d'abord dans un
Galop uni , ſans le retenir ni le
chaſſer trop. La deſcente de Main ,
accompagnée de l'envie d'aller ,
eſt une aide excellente pour toutes ſortes de Chevaux ; elle ſem-
ble avoir été inventée exprès pour
les Chevaux de Chaſſe , afin de
leur apprendre à galoper ſans Bride , & ſans que le Cavalier ſoit
obligé de les ſoutenir à tout mo-

ment. Il faut que la leçon du Galop se faſſe, tantôt ſur un cercle large & étroit, comme au Trot, & tantôt ſur la ligne droite ; & ne pas faire de longues repriſes dans les commencemens : au lieu de lui augmenter l'haleine, & de lui donner la facilité du galop, on l'endurciroit & on le rebuteroit. On doit auſſi quitter ſouvent le Galop, & reprendre le pas, afin de donner au Cheval le tems de reſpirer ; & ſi-tôt qu'il a repris haleine, il faut repartir au Galop. Cette maniere de mener un Cheval alternativement, du Galop au Pas, & du Pas au Galop, lui donne avec le tems autant d'haleine, que ſes forces & ſon courage le lui permettent. Il faut faire enſorte à chaque Arrêt de Galop, que le Cheval ne faſſe pas un ſeul tems de Trot ; ce qui in-

commode beaucoup le Cavalier :
il faut l'accoûtumer à reprendre
au pas immédiatement après le
dernier tems du Galop ; & de même pour reprendre du Pas au Galop, il faut qu'il le fasse d'un seul
tems.

Quand on s'apperçoit qu'un Cheval commence à prendre de l'haleine, & qu'il peut fournir de longues reprises au Galop, sans sou-
fler ni trop suer, il faut alors le
mener dans un Galop plus étendu, qu'on appelle *Galop de Chasse* :
sans assujettir la posture de sa Tête, au principe de la tenir perpendiculaire du Front au bout du
nés, comme aux Chevaux de Manège ; on la lui doit laisser un peu
plus libre, afin qu'il puisse respi-
rer & ouvrir les Nazeaux avec
plus de facilité, sans pourtant qu'il
ait le Nez au vent ; car tout Cheval

val qui galope la Tête haute &
déplacée, est plus sujet à broncher, que celui qui voit son chemin & l'endroit où il pose les
Pieds en galopant.

Une excellente leçon pour un
Cheval de Chasse, c'est de le galoper sur un cercle large à Main
gauche, en le tenant un peu plié
à droite, & uni sur le Pied droit.
Cette façon de tourner à gauche,
quoiqu'il galope sur le Pied droit,
lui apprend à ne se point désu-
nir, lorsqu'on est obligé de lui
renverser l'Epaule, c'est-à-dire,
de tourner tout court à gauche;
ce qui arriveroit souvent, s'il n'é-
toit pas fait à ce mouvement, &
causeroit un contre-tems qui in-
commoderoit le Cavalier, & dérangeroit son assiette. Une autre
méthode qui est fort bonne, c'est
de galoper un Cheval en serpen-

tant ; c'eft-à-dire, qu'au lieu de galoper fur tout le cercle, il faut renverfer à tous momens les Epaules fans changer de Pied, en décrivant à peu-près le même chemin, que celui que fait un Serpent ou une Anguille lorfqu'ils rampent. Rien ne confirme mieux un Cheval fur le bon Pied, ni lui affûre tant les Jambes, que cette leçon. Elle eft aifée à pratiquer, lorfque le Cheval y a été préparé au Galop, fur un cercle à gauche, placé & uni à droite.

Ce n'eft point, comme on l'a déja dit dans les bornes d'un Manège, qu'il faut toujours tenir un Cheval qu'on dreffe pour la Guerre ou pour la Chaffe : il faut l'exercer fouvent en pleine Campagne, afin de l'accoûtumer à toute forte d'objets, & de lui apprendre auffi à galoper fûrement fur tou-

tes sortes de terrains ; comme Ter-
res labourées, Terrains gras, Prés,
Descentes, Montagnes, Valons,
Bois, &c.

On ne répéte point ici ce
qu'il faut faire pour accoûtumer
un Cheval au Feu, qui est une
chose essentielle à un Coureur ;
mais une autre qualité que doit
avoir particulierement un Cheval de Chasse, c'est de sçavoir
franchir les hayes & les fossés,
afin de ne pas demeurer en chemin, lorsqu'on rencontre quelqu'un de ces obstacles. Lorsqu'un
Cheval prend bien les Jambes,
& craint l'Eperon, il est aisé de
lui-apprendre à sauter les fossés;
car la plûpart des Chevaux les
franchissent d'eux-mêmes, pour
peu qu'ils soient obéissans.

Il y a une espéce de Chevaux
de Chasse, que l'on appelle, Che-

vaux d'Arquebuſe : ce ſont ordinairement de petits Chevaux que
l'on dreſſe pour chaſſer au Fuſil.
Ceux-ci doivent être parfaitement
apprivoiſés & faits au Feu, enſorte qu'ils ſuivent l'Homme, &
qu'ils ſoient inébranlables au mouvement & au bruit du Fuſil. Il
faut encore qu'ils ne s'épouvan-
tent pas au partir & au vol du
Gibier. On les accoûtume d'a-
bord à s'arrêter lorſqu'on pronon-
ce le terme de *Hou* ; on leur apprend enſuite à demeurer court &
ſans remuer, même en galopant,
dans le tems qu'on abandonne
toute la Bride ſur le Col pour cou-
cher en joue. Il ne faut pour cela d'autre régle que la patience
& l'intelligence.

Des Chevaux de Caroſſe.

LA Taille ordinaire d'un Cheval de-Caroſſe eſt depuis cinq pieds juſqu'à cinq pieds trois ou quatre pouces. Il doit être bien moulé, relevé du devant, ce qu'on appelle *porter beau*, traverſé, & plein de Corps, pour n'être point éflanqué par le travail. Il ne faut pas qu'il ſoit trop chargé d'Epaules, ni qu'il ait la Poitrine trop large ; c'eſt pour le Cheval de Charette, une qualité qui le fait mieux donner dans le Colier, mais c'eſt un grand défaut dans les Chevaux de Caroſſe, qui doivent avoir l'Epaule plate & mouvante pour pouvoir trotter librement & avec grace. Il ne doit être ni trop long, ni trop court. Ceux qui ſont trop courts, ont ordinairement la mauvaife habitude de forger, & ceux qui font trop longs fe bercent pour la plûpart, & vont fur le mors, n'ayant pas affez de Rein pour fe foutenir. Un Cheval de Caroffe doit avoir la Jambe belle, plate & large, & l'os du Canon un peu gros; fur-tout les Pieds excellens: le moindre accident aux Pieds eft un grand défaut, qui le fait bien-tôt boiter; parce qu'il ne peut pas foutenir long-tems la dureté du pavé. Il faut encore bien prendre garde aux Jarrets; les Chevaux de Caroffe font plus fujets à les avoir défectueux, que ceux de légere Taille; parce que la plûpart font élevés dans des pâturages gras, qui engendrent beaucoup d'humeurs, lefquelles tombent fur les Jarrets & fur les Jambes. Le Boulet trop fléxible eft encore un

grand défaut , qui empêche un
Cheval de Caroſſe de reculer &
de retenir dans les deſcentes.

Un Cheval de Caroſſe bien choi-
ſi , & qui a les qualités que l'on
vient de décrire, mérite bien qu'on
lui donne les deux premieres per-
fections , que tout Cheval dreſſé
doit avoir , qui ſont , la ſoupleſſe
& l'obéiſſance. Il faut d'abord le
trotter à la longe pour commencer à l'aſſouplir, le monter enſuite , & lui mettre par intervale l'E-
paule en dedans , pour l'arondir ,
lui donner une belle poſture , &
lui faire la Bouche. On doit auſſi
lui apprendre à paſſer les Jambes
la Croupe au mur, afin qu'il prenne ſes tournans avec plus de facilité ; car toutes les fois qu'on
tourne un Cheval au Caroſſe, il
eſt obligé de décrire de côté une
ligne circulaire avec les Epaules,

& avec les Hanches; ce qui forme une efpéce de demi-Volte;
& il faut pour cela qu'il ait ap-
pris à paffer librement les Jambes
l'une pardeffus l'autre, tant celles de devant que celles de derriere; fans quoi il s'attraperoit,
traîneroit les Hanches, ou tour-
neroit lourdement. Une autre leçon effentielle qu'il faut encore
joindre à celle-ci, c'eft de lui apprendre à piaffer parfaitement dans
les Piliers, après avoir été affoupli au Trot; ce qui donne à un
Cheval de Caroffe, une belle démarche, fiére, libre & relevée.
Les Piliers ont encore cela d'a-
vantageux, qu'outre la grace &
la liberté qu'ils donnent à un Cheval, ils lui impriment la crainte du
fouet, & le rendent pour toujours
obéiffant au moindre mouvement
de cet inftrument.

Une

Une autre chose qu'on observe
rarement, & que tout Cheval de
Carosse doit avoir, c'est d'être un
peu plié à la Main où il est placé.
Celui qui est *sous la Main* doit être
un peu plié à droite; & celui qui
est *hors la Main*, doit l'être à gauche. Cette posture augmente la
grace d'un Cheval qui trotte bien,
lui fait voir son chemin, lui tient
la Croupe sur la ligne des Epaules, & le fait trotter droit dans
les traits, ferme & uni d'Epaules
& de Hanches. Ceux qui ne trot-
tent pas dans cette posture, ont
le défaut, ou de baisser la Tête
vers le bout du timon, ce qui leur
fait jetter la Croupe dehors & sur
les traits; ou au contraire, de tendre le Nez & tirer à la Main, ce
qui est d'autant plus dangereux,
qu'ils peuvent forcer la Main du
Cocher; ce qu'on appelle vulgai-

II. Part.   P

rement, *prendre le mors aux Dents*; & ceux qui font dans le Caroffe ou aux environs, rifquent de perdre la vie, ou d'être eftropiés. On voit fouvent auffi des Chevaux qui ne portent pas également; l'un baiffe le Nez, & l'autre léve la Tête; pofture défagréable, & tout-à-fait difcordante; ce qui ne fe rencontreroit point, s'ils avoient été ajuftés, & bien appareillés.

Si quelqu'un trouve étrange qu'on donne les mêmes principes, pour les Chevaux de Caroffe, que pour ceux de Manège; qu'il examine les Attelages des Seigneurs curieux en beaux Equipages, qui font dreffer leurs Chevaux, avant que de les mettre au Caroffe; & il fera perfuadé de la différence d'un Cheval dreffé à celui qui ne l'eft point. On ne demande pas

que l'on confirme un Cheval de
Carosse, comme celui de Manège, dans l'obéissance parfaite pour
la Main & les Jambes; il faut simplement le dégourdir, lui faire la
Bouche, lui apprendre à tourner
facilement aux deux Mains, à
piaffer dans une place, & à craindre le fouet.

CHAPITRE XV.

Des Tournois, des Joûtes, des Carousels, & des Courses de Têtes & de Bague.

DANS tous les tems il y a eu des Exercices, pour donner aux Hommes de la force & de l'adresse, & pour entretenir en eux l'inclination guerriere. Les Romains en avoient de plusieurs espéces, comme la Course, la Lute, les Combats d'Homme-à-Homme avec différentes sortes d'Armes; les Combats des Hommes & des Bêtes; & les Courses de Chevaux qui se faisoient dans le Cirque. On joignit dans la suite à ces Courses des actions Militaires, & l'on considéra alors

ces Exercices comme une Ecole
de Guerre, où l'on apprenoit à
combattre; ce qui fit que les Princes & la Noblesse prirent plaisir
à s'y rendre adroits : & c'est delà que sont venus les Tournois,
les Joûtes, les Carousels, les
Courses de Têtes & de Bague.

Des Tournois.

Les Tournois n'étoient dans
les commencemens qu'une simple
Course de Chevaux, qui se mê-
loient les uns avec les autres en
tournant & retournant de différens côtés, ce qui leur a fait donner le nom de *Tournois*. On se ser-
vit ensuite de Bâtons, qu'on se jet-
toit les uns aux autres, en se couvrant de son Bouclier. Ce Jeu de
Bâtons étoit à peu-près le Jeu de
Troye, qui de-là passa chez la

jeuneſſe Romaine, & que les Turcs, les Perſans , & quelques autres Nations Orientales pratiquent encore aujourd'hui.

Les Mores furent très-adroits dans ces Exercices de Tournois. Ils introduiſirent les Chiffres, les Enlaſſemens de Lettres, des Deviſes & les Livrées dont ils ornérent leurs Armes & les Houſſes de leurs Chevaux. Ils firent auſſi une infinité d'applications myſtérieuſes des Couleurs , donnant le Noir à la triſteſſe , le Vert à l'eſpérance , le Blanc à la pureté , le Rouge à la cruauté , &c. & par cette diverſité de Couleurs mêlées ils expliquoient leurs penſées & leurs deſſeins. Comme ils étoient très-galans , ils donnoient à la fin de leurs Tournois le Bal aux Dames, qui diſtribuoient les prix aux Chevaliers.

Les autres Nations ajoûtérent quelque chofe à ces fortes d'appareils. Les Gots & les Allemans mirent fur leurs Cafques des Dragons aîlés, des Harpies, des Mufles de Lion, & autres chofes femblables pour les rendre plus fiers & plus terribles, & enfuite des Aigrettes, des Bouquets de plume fur de hauts Bonnets : c'eft ce qu'on nommoit *Cimiers*. Ils ne font plus employés que dans les Armoiries.

Les François fe fervirent de Côté d'Arme, qui étoit un vêtement que les grands Seigneurs & les Chevaliers portoient fur leur Cuiraffe.

Les Armoiries ne furent dans leur origine que la connoiffance des Ecus, & les marques de diftinction des Chevaliers, que les François & les Allemans intro-

duifirent dans leurs Tournois ; &
dans leurs Fêtes à Cheval. Ils
pafferent depuis pour une marque
de Nobleffe & de diftinction dans
les Familles.

Des Joûtes.

Les Joûtes étoient des Courfes accompagnées d'Attaques &
de Combats de Lances dans la
Barriere. On donnoit le nom de
Joûte à cet Exercice, parce qu'on
y combattoit de près. Ce mot eft
tiré du Latin *juxtà pugnare*. Deux
Cavaliers armés de toutes piéces,
partoient à toute Bride, l'un contre l'autre, le long d'une Barriere qui les féparoit ; & en fe
rencontrant au milieu de la lice,
ils s'atteignoient de leurs Lances
avec tant de force, que quelques-
uns en étoient défarçonnés , &

fouvent jettés par terre, d'autres renverfés avec leur Cheval.

L'ufage des Joûtes & des Combats à la Barriere, a long-tems regné en France avant celui des Carroufels. Les Princes, les Seigneurs, & les Gentils-hommes venoient s'y préfenter fans obfervation de rang; mais ces Courfes & ces Combats ayant été funeftes à Henri II. on en a aboli l'ufage, & retenu celui des Carroufels; où les Courfes de Têtes & de Bague, font voir fans aucun rifque, la fcience & l'adreffe d'un Cavalier.

Des Carroufels.

Le Carroufel eft une Fête Militaire ou une image de Combat, repréfentée par une troupe de Cavaliers, divifée en plufieurs Qua-

drilles deſtinées à faire des Courſes
pour leſquelles on donne des prix.

Ce ſpectacle doit être orné de
Chariots, de Machines, de Dé-
corations, de Deviſes, de Récits,
de Concerts & de Balets de Chevaux, dont la diverſité forme un
magnifique coup d'œil.

Comme ces Fêtes ſe font dans
la vûe d'inſtruire les Princes &
les Perſonnes illuſtres en faveur
de qui elles ſe font, ou d'hono-
rer leur mérite, le ſujet doit en
être ingénieux, militaire, & convenable aux tems, aux lieux &
aux perſonnes.

Il y a pluſieurs choſes à conſi-
dérer dans un véritable Carouſel.

1º. Le Meſtre de Camp & ſes
Aides.

2º. Les Cavaliers qui compo-
ſent chaque Quadrille.

3º. Leurs Cartels, leurs Noms,

leurs Habits, leurs Devises, leurs Armes, leurs Machines, leurs Pages, leurs Esclaves, leurs Valets-de-pied, leurs Estafiers, leurs Chevaux & leurs ornemens.

4°. Les personnes des Récits & & des Machines, & les Musiciens.

5°. Les différentes Courses que font les Cavaliers, & pour lesquelles on donne les prix.

Le Mestre de Camp, est celui qui conduit toute la pompe; qui régle la Marche; qui fait filer les Quadrilles & leurs Equipages; qui introduit dans la carriere & dans les lices; qui place les Cavaliers dans leurs postes; & qui indique le lieu des Machines.

Les Aides de Camp, font ceux qui le servent en ces fonctions. Ils n'agissent que par ses ordres, en portant comme lui des Bâtons de Commandement.

Le moindre nombre des Quadrilles pour un véritable Carousel, est de quatre, & le plus grand de douze : elles doivent être toutes de nombre pair, afin que les partis soient égaux entr'eux pour combattre, & pour faire les Courses doubles.

Le nombre de Cavaliers, dont chaque Quadrille est composée, est ordinairement de quatre, quelquefois de six, de huit, de dix ou de douze, non compris le Chef, qui est la personne la plus qualifiée, à moins que les Cavaliers ne soient de condition égale ; & alors on tire au sort celui qui doit l'être, pour éviter les contestations. Dans les Carousels célébres, ce sont ordinairement les Princes qui sont les Chefs.

Il y a deux sortes de Quadrilles; celles des Tenans & celles des Assaillans. La Quadrille des Tenans est la plus considérable.

Les Tenans, sont ceux qui ouvrent le Carousel, & qui font les premiers défis par les Cartels que des Hérauts publient. Ils sont dits Tenans, parce qu'ils avancent certaines propositions qu'ils s'engagent de soutenir les armes à la main contre tous venans. Ils composent les premieres Quadrilles.

Les Assaillans, sont ceux qui s'offrent, par leurs réponses, aux défis & aux Cartels des Tenans, à soutenir le contraire ; ils composent les Quadrilles opposées.

Le Cartel se fait au nom du Chef de la Quadrille, qui lui donne ses livrées.

Les Cartels contiennent ordinairement cinq choses.

1°. Le nom & l'adresse de ceux

que les Tenans envoyent défier.

20. Le sujet que les Tenans ont de défier au Combat ceux qu'ils attaquent.

30. Quelques autres propositions qu'ils veulent soutenir les armes à la main contre tous venans.

40. Le lieu & la maniere du Combat.

50. Le nom des Tenans qui envoyent le défi ou le Cartel; lesquels noms sont tirés de l'Histoire ou de la Fable.

Ces Cartels peuvent être en Prose ou en Vers; & comme l'occasion de ces défis, est le desir d'acquérir de la gloire & de se faire connoître, ils sont assaisonnés de quelque Rodomontade. On excepte les Princes des défis & des Cartels que l'on donne aux autres.

Comme les sujets des Carousels sont historiques, fabuleux &
emblématiques, les Tenans & les
Assaillans y prennent ordinairement des noms conformes au sujet qu'ils représentent : par exemple, ceux qui représentent les il-
lustres Romains, prennent le nom
de Jules Cesar, d'Auguste, &c.

On prend aussi des noms de
Romans; comme les Chevaliers
du Lys, du Soleil, de la Rose,
&c. Quelquefois ils sont de pure
invention, comme Florimond,
Lisandre, &c.

Les noms doivent répondre aux
Devises des Cavaliers, & la Quadrille doit aussi en porter le nom.
Leurs Habits, leurs Livrées, leurs
Armes, leurs Machines, leurs Esclaves, leurs Cartels, doivent
être uniformes.

Les Pages sont ordinairement à

Cheval; ils portent les Lances &
les Devifes.

Les Valets-de-Pied & les Efta-
fiers conduifent les Chevaux de
Main, & fe tiennent auprès des
Machines. On les déguife en
Turcs, en Mores, en Efclaves,
en Sauvages, en Arméniens, en
Singes, en Ours, fuivant le fujet
& la volonté du Chef de la Quadrille.

Les Récits, la Mufique, & la
plûpart des Machines qui fervent
à la pompe d'un Caroufel, font de
l'invention des Italiens, qui ont
toujours recherché en toutes chofes le fin de l'application, & qui
ont excellé dans ce genre.

Les perfonnes des Récits, & des
Machines, font comme des Ac-
teurs de Théatres, qui repréfen-
tent diverfes chofes, felon le fujet; il y a auffi quelquefois des
Vers

Vers allégoriques en l'honneur de ceux pour qui l'on fait ces Fêtes.

Les Muficiens font employés aux Concerts de Voix & d'Inftrumens, & l'harmonie qu'on employe à ces Fêtes, eft de deux fortes ; l'une Militaire, c'eft-à-dire, fiere & guerriere ; l'autre douce & agréable. La premiere eft à la tête de chaque Quadrille, pour animer les Cavaliers, & pour annoncer leur venue, leur entrée dans la carriere, qu'on nomme *Comparfe*, & leurs Courfes ; l'autre ne fert qu'aux Récits, aux Machines & à la Pompe.

Pour l'harmonie guerriere, on employe des Trompettes, des Tambours, des Timbales, des Hauts-bois, & des Fifres. Pour celle qui accompagne les Chars & les Machines, ce font des Violons, des Flûtes, des Mufettes,

II. Partie.   Q

des Hauts-bois, &c. On fait aussi
au son de tous ces Instrumens,
des Danses & des Balets de Chevaux, comme on l'expliquera à
l'Article de la Foule.

Des Courses.

TOUT ce qu'on vient d'expliquer ci-dessus ne regarde que la
pompe & l'appareil d'un Carousel; mais la principale chose consiste dans les Courses pour lesquelles on donne des prix, & où
un Cavalier fait voir son adresse
dans ces Exercices.

Les Courses les plus considérables qu'on pratiquoit autrefois,
consistoient à rompre des lances
en lice les uns contre les autres;
à en rompre contre la Quintaine;
à combattre à Cheval l'épée à la
main; à courre les Têtes & la

Bague ; & à faire la Foule. Depuis l'invention des Armes à feu, qui a fait abandonner l'usage des Lances dans les Armées, on commença à quitter cet Exercice, qui étoit très-dangereux.

On rompoit aussi des Lances contre la Quintaine : c'est une Course très-ancienne, dont un nommé Quintus fut l'Inventeur. On se servoit d'un tronc d'arbre, ou d'un pilier contre lequel on rompoit la Lance, pour s'accoûtumer à atteindre son Ennemi par des coups mesurés. On appella aussi dans la suite cette Course le *Faquin*, parce qu'on se servoit souvent d'un Faquin ou d'un Portefaix armé de toutes piéces, contre lequel on couroit ; mais la maniere la plus ordinaire, étoit une figure de bois en forme d'Homme, plantée sur un pivot

afin qu'elle fût mobile. Ce qu'il
y avoit de singulier, c'est que cette figure étoit faite de façon,
qu'elle demeuroit ferme quand on
la frappoit au front, entre les yeux
& sur le nez, (c'étoient les meilleurs coups;) & quand on la
touchoit ailleurs, elle tournoit si
vîte, que si le Cavalier n'étoit
assez adroit pour l'éviter, elle le
frappoit rudement d'un sabre de
bois sur le dos.

Dans le combat de l'Epée à la
main, les Cavaliers se rangeoient
dans la carriere entre la lice &
l'échafaut des Princes, éloignés
de quarante pas l'un de l'autre;
& là armés de toutes piéces, &
l'Epée à la main, ils attendoient
le son des Trompettes pour partir; ensuite baissant la main de la
Bride & levant le bras de l'Epée,
ils partoient avec violence l'un

contre l'autre, & en paffant, ils
fe donnoient un coup d'eftramaçon fur la face, en tirant un peu
du côté gauche; & au même endroit d'où fon Adverfaire étoit
parti, on prenoit une demi-Volte,
& on repartoit ainfi jufqu'à trois
fois. Après la troifiéme atteinte,
au lieu de paffer outre, pour aller reprendre une autre demi-
Volte, on tournoit de part &
d'autre fur les Voltes d'une pifte,
vis-à-vis l'un de l'autre, en fe donnant continuellement des coups
d'eftramaçon, avec une action
vive, & l'on continuoit jufqu'à
la troifiéme Volte : ils s'en retour-
noient après d'où ils étoient partis, faifant mine d'aller reprendre
une autre demi-Volte, & dans le
même inftant, deux autres Cavaliers venoient remplir la place,
& exécuter la même chofe.

Le Connêtable de Montmoren-
ci se rendit très-célébre dans cet
Exercice, il seroit à souhaiter qu'il
fût encore en usage, puisque c'est
un véritable Manège de Guerre,
qui apprendroit à se servir, tant
de l'Epée, que du Pistolet; d'autant plus qu'il n'est nullement dangereux, les coups d'Epée pouvant
se donner au-dessus de la Tête par
opposition, & de même du Pistolet, en le tirant le bout en haut.

De toutes les Courses qui étoient
anciennement en usage, dans les
Tournois, & dans les Carousels,
on n'a retenu dans les Académies
modernes, que les Courses de Têtes & de Bague.

De la Course des Têtes.

Les Allemans ont pratiqué cet
Exercice avant les François : les

Guerres qu'ils avòient avec les
Turcs y ont donné occafion. Ils
s'exerçoient à courre des figures de
Têtes de Turcs & de Mores, contre lefquelles ils jettoient le Dard
& tiroient le Piftolet, & en enlevoient d'autres avec la pointe de
l'Epée, pour s'accoûtumer à re-
courir après les Têtes de leurs
Camarades, que les Soldats Turcs
enlevoient, & pour lefquelles ils
avoient une récompenfe de leurs
Officiers.

On fe fert dans la Courfe des
Têtes, de la Lance, du Dard,
de l'Epée & du Piftolet.

La Lance eft compofée de la
fléche, des aîles, de la poignée,
& du tronçon. Sa longueur eft
d'environ fix pieds.

Le Dard eft une forte de trait
de bois dur, long d'environ trois
pieds, pointu & ferré par le bout »

il y a dans un endroit du bois de petits boutons de fer, pour marquer l'endroit où on doit le tenir afin qu'il foit en équilibre.

Dans une Courfe bien réglée, il y a ordinairement quatre têtes, qui font toutes de carton. La premiere, eft celle de la Lance, qui eft pofée fur une efpéce de chandelier de fer attaché au mur ou à un pilier du Manège : ce chandelier eft mobile, & tourne fur deux pitons ; il doit être long de deux pieds, & élevé à huit pieds de terre.

La feconde, eft une Tête de Médufe, plate & large d'un pied, plus ou moins ; appliquée fur une forte planche un peu plus grande ; & l'on attache cette planche au haut d'un chandelier de bois, qui doit être élevé de terre de cinq pieds ; ou bien on la place au-deffus.

deſſus de la barriere.

La troiſiéme Tête, eſt celle du More; on la place de même que celle de Méduſe au haut d'un chandelier de bois de même hauteur, ou au-deſſus de la barriere.

La quatriéme Tête, eſt celle de l'Epée, qui doit être poſée à terre ſur une petite éminence, à deux pieds & demi du mur ou de la barriere.

Il faut placer les Têtes ſuivant la longueur du Manège. La tête de la Lance doit être placée aux deux tiers de la Courſe; celle de Méduſe à cinq pieds du mur, du même côté que celle de la Lance, & à la moitié du Manège, ſi le lieu de la Courſe eſt fermé de mur; mais lorſqu'il ne l'eſt que par une barriere, on la poſe ſur cette barriere, de même que la Tête du More, qui ſe place vis-à-vis de celle de Méduse, de l'autre côté du Manège.

La Tête de l'Epée se met à terre du côté de celle du More, à deux pieds & demi du mur, & à un tiers en-deçà du coin où l'on finit la Course.

Quand on se sert du Pistolet, on attache un carton à la muraille, à la hauteur de la Tête d'un Homme à Cheval ; mais quelques-uns tirent sur la Tête du More, au lieu de se servir du Dard, le Pistolet étant plus utile que cet instrument.

Une chose très-difficile dans la Course des Têtes, c'est de faire de bonne grace la levée de la Lance ; il faut pour cela se placer à trois longueurs de Cheval au-dessus du coin où l'on doit commencer la premiere demi-Volte, tenir quelque tems le Cheval droit dans une place, la Lance dans la Main droite, & posée sur le milieu de la Cuisse, ce qu'on appelle, *la tenir en arrêt*, la pointe de la Lance haute, un peu panchée en avant, au-dessus de l'Oreille droite du Cheval.

Avant que de partir au petit Galop, qui doit être uni & rassemblé, il faut commencer par lever le bras de la Lance, tenir le doigt indice étendu le long de la poignée, placer le coude à la hauteur de l'épaule ; & depuis le coude jusqu'au poignet, il faut que le bras soit placé droit en avant ; enforte que de l'épaule au coude, & du coude au poignet, cela forme un angle droit ; car si la main de la Lance étoit vis-à-vis de la tête, la Lance brideroit le visage, & si la main & le bras étoient placés trop haut ou trop bas, cela feroit de mauvaife grace.

La Lance étant ainfi placée dans la demi-Volte, il faut enfuite obferver les mouvemens néceffaires pour bien faire la levée de la Lance en allant à la Tête. Il y en a quatre principaux. Le premier tems fe fait en baiffant le doigt indice & un peu le poignet, & levant auffi un peu le coude, fans que la pointe de la Lance varie ni s'écarte; il faut enfuite baiffer infenfiblement le bras à côté du corps, jufqu'au près de la hanche, ce qui fait le deuxiéme tems; & là, en ouvrant un peu le poignet en dehors, il faut relever le bras à côté du corps, fans le porter ni en avant, ni en arriere, & le tenir étendu jufqu'à ce que la main foit arrivée au-deffus & à côté de la Tête, ce qui fait le troifiéme tems; le quatriéme tems eft de

tourner les ongles du côté de la
Tête, & de defcendre infenfiblement la Lance dans la pofture où
elle étoit avant que de commencer la levée, c'eft-à-dire, le coude
à la hauteur de l'épaule.

La Courfe de la Tête de la
Lance fe divife en trois parties.
Dans la premiere, on méne le
Cheval au petit Galop, depuis le
coin jufqu'au tiers de la ligne ; on
échape enfuite le Cheval en baiffant infenfiblement la pointe de
la Lance jufqu'à la Tête, qu'il
faut enlever d'un coup d'eftocade,
c'eft-à-dire, allongeant un peu
les bras pour la détacher de deffus
le chandelier.

Depuis la Tête jufqu'au coin,
on remet fon Cheval au petit
Galop, en levant le bras pour faire voir la Tête au bout de la Lance. On quitte enfuite la Lance, &
R iij

l'on prend à l'endroit où l'équilibre est marqué , un des deux Dards qui doivent être placés sous les cuisses , & retenus par les genoux du Cavalier, les Pointes du côté de la Croupe, de façon qu'ils se croisent. Il faut ensuite porter le Dard en avançant le bras libre , étendu , & élevé un peu plus haut que la Tête , en observant que la pointe du Dard soit du côté du coude , & que le bout qui est à l'opposite de cette pointe , soit un peu plus haut, & au-dessus de l'Oreille gauche du Cheval, le tenant dans l'équilibre, & le bras ouvert : dans cette posture, on tourne par le milieu du Manège pour venir à la tête de Méduse, en tournant le Dard par-dessus la Tête, pour présenter la pointe, & le lancer ; & il faut un peu retirer le bras en arriere afin de le darder avec plus de force.

Après avoir jetté le Dard , il faut tourner le Cheval pour aller à l'autre muraille , & en prenant la troisiéme demi-Volte dans le coin du côté de la tête de l'Epée , faire avec le Dard le même mouvement , & venir le lancer de la même maniere qu'on vient de le dire pour la Méduse. Cette Tête se court aussi au Pistolet.

Il faut ensuite tourner son Cheval , & en arrivant à l'autre muraille , on commence la quatriéme demi-Volte , en tirant l'Epée de bonne grace par-dessus le bras gauche , & non par-dessous le poignet , parce qu'on peut s'estropier en la tirant de cette maniere. On doit la tenir haute & droite , le bras libre , étendu & élevé au-dessus de sa Tête , & la faire briller en la remuant ; & au tiers de la Courſe, il faut partir à toutes Jambes juſqu'à la Tête, en ſe baiſ-ſant le corps ſur l'Epaule droite du Cheval, faire entrer l'Epée de tierce, la relever de quarte, & la placer haut pour faire voir la Tê-te au bout de la Courſe.

Il y a des choſes eſſentielles à obſerver dans la Courſe des Tê-tes, qui ſont, de ne jamais galo-per faux ni déſuni ; de ne point laiſſer tomber ſon chapeau ; & de ne point perdre ſon Etrier : ſi l'un de ces cas arrive, on perd la Cour-ſe, quand même on auroit pris les Têtes. C'eſt pourquoi avant que de commencer la Courſe, il faut s'aſſeoir juſte dans la Selle, ferme ſur ſes Etriers, & enfoncer ſon chapeau. Il faut auſſi tenir les rê-nes un peu plus longues dans les Courſes que dans les Manèges renfermés, afin que le Cheval ait

la liberté de s'étendre, sans pourtant trop abandonner l'appui, afin
que le Cavalier & le Cheval
soient plus assûrés dans la Course.

De la Course de Bague.

CET Exercice n'étoit point en
usage chez les Anciens; il fut introduit lorsqu'on fit, par galan-
terie & par complaisance, les Dames Juges de ces Exercices ; &
les prix qui étoient auparavant
Militaires, furent changés en Ba-
gues, qu'il falloit enlever à la
pointe de la Lance pour remporter
le prix, ce qui donna occasion à
la Course de Bague.

La Bague doit être placée aux
deux tiers de la Course, comme
la tête de la Lance ; elle doit être
à la hauteur du front du Cavalier, au-dessus de l'Oreille droite
du Cheval.

La potence, est un bâton rond, & d'environ deux pieds, au bout duquel pend le canon où est attachée la Bague. Cette potence doit être plus élevée que la Bague de sept à huit pouces, de crainte que dans la Course on ne *bride la potence*, ce qui veut dire en terme de Course, la toucher avec la Tête ou avec la Lance, ce qui estropieroit un Cavalier, comme il est quelquefois arrivé.

A l'égard de la levée de la Lance, on la fait de la même maniere qu'on l'a expliqué en parlant des Têtes : la seule différence est, que dans la Course de Bague, on ne donne point de coup d'estocade, comme à la Tête.

Il faut encore bien observer, comme on l'a déja dit, de ne commencer à baisser la pointe de la Lance qu'au tiers de la Course,

en échappant son Cheval au grand
Galop, sans remuer la Tête ni
les Epaules, tenant le coude haut,
afin que le tronçon de la Lance
ne touche ni au Bras, ni au Corps,
mais que la Main seule soutienne
la Lance. Il ne faut pas non plus
que la Lance soit trop croisée en
dehors du côté de l'Oreille gauche du Cheval, elle doit être au
contraire au-dessus de l'Oreille
droite ; parce qu'autrement, le
vent de la Course l'ébranleroit,
& lui feroit perdre la ligne de
direction. Le but, ou le point de
la Course, doit être au bord d'enhaut de la Bague sur la ligne du
canon, ce qui dépend de ne pas
baisser trop vîte la pointe de la
Lance.

Après avoir passé la Bague, il
faut reprendre au petit Galop, &
lever peu-à-peu la pointe de la

Lance, & au bout de la carriere ,
faire la levée de la même maniere qu'on a commencé , fans regarder derriere foi , pour voir fi
on a emporté la Bague , comme
font quelques Cavaliers , quand
même on auroit fait un dedans.
Il ne faut pas non plus en parant
fon Cheval au bout de la Courfe ,
mettre le Corps en arriere. Cette
action n'eft point belle la Lance
à la main.

On appelle en terme de Bague ,
faire une atteinte , lorfqu'on touche avec la pointe de la Lance ,
le bord de dehors de la Bague
fans l'enfiler ; & on appelle *faire*
un dedans, lorfqu'on la prend.

Il arrive quelquefois qu'on la
prend au nombril, qui eft un trou
dans la chape où elle eft attachée ,
mais la Courfe ne vaut rien , à
moins qu'on n'ait averti qu'on

vouloit la prendre en cet endroit.

A l'égard des prix, tant pour la Bague que pour les Têtes, chacun fait trois Courses pour les remporter. Celui qui a le plus de dedans ou le plus d'atteinte, a l'avantage pour la Bague ; s'ils sont égaux en l'un & en l'autre, ou qu'aucun n'ait ni atteintes ni dedans, on recommence les trois Courses.

Pour les Têtes, celui qui en enleve le plus remporte le prix ; & en cas qu'elles soient toutes prises par ceux qui courent, ce sera celui qui les prendra entre les deux yeux, ou qui approchera le plus près de cet endroit.

Il y a dans un Carousel des Juges pour cela, qu'on choisit parmi d'anciens Cavaliers, qui se sont rendus célébres dans ces Exercices.

Il y avoit autrefois plusieurs prix; sçavoir, le grand prix, qu'on donnoit à celui qui avoit fait plus de dedans, qui avoit emporté plus de Têtes, ou qui avoit fait les meilleurs coups à la Quintaine; il y avoit ensuite le prix de la Course des Dames; celui de la meilleure Devise; & le prix de celui qui couroit de meilleure grace.

De la Foule.

On appelle en terme de Carousel, *faire la Foule*, lorsque plusieurs Cavaliers font manier à la fois un certain nombre de Chevaux sur différentes figures.

Ce Manège est une espéce de Ballet de Chevaux, qui se fait au son de plusieurs Instrumens : il faut des Chevaux bien dressés, bien ajustés, & des Cavaliers bien habiles & bien adroits, pour l'exécuter : à cause de la difficulté qu'il y a d'obferver la jufte proportion du terrain, & d'entretenir le Cheval dans l'égalité de fon air & de fa cadence.

Pour donner une idée de toutes les Foules que l'on voudra inventer, il fuffit d'en donner un exemple.

Il faut placer le long des deux murailles, ou des deux barrieres du Manège, fur la même ligne, quatre Cavaliers de chaque côté, éloignés l'un de l'autre d'environ dix à douze pas, plus ou moins, fuivant la longueur du terrain; enforte que les uns foient placés à droite & les autres à gauche, vis-à-vis les uns des autres. Il en faut encore placer trois autres fur la ligne du milieu du Manège,

dont l'un occupera le centre , &
les autres fur la même ligne , &
éloignés de celui du milieu à égale
diftance. Ces onze Cavaliers doivent être rangés fur trois lignes ,
& ils doivent avoir la Tête de
leurs Chevaux placée en face d'un
des bouts du Manège.

Les huit qui font rangés le long
de la muraille, c'eft-à-dire , les
quatre de chaque côté , font des
demi-Voltes , changeant & re-
changeant toujours de Main , chacun fur fon terrain ; & des trois
qui occupent la ligne du milieu ,
celui qui eft au centre , tourne à
Pirouettes, & les deux autres ma-
nient fur les Voltes, l'un à droite
& l'autre à gauche.

Ils doivent tous partir enfemble
au fignal que leur donne celui qui
conduit le Caroufel , & arrêter de

{même,

même, en finiſſant la Repriſe, ou à Courbettes, ou à l'Air auquel leurs Chevaux ont été dreſſés.

Tous les Exercices dont on vient de donner les régles & la deſcription dans ce Chapitre, furent inſtitués pour donner une image agréable & inſtructive de la Guerre, & pour entretenir l'émulation parmi la Nobleſſe. Ils étoient fort en uſage en Italie, vers la fin du 16e. Siécle. Rome & Naples étoient le ſéjour des plus célébres Académies, dans leſquelles les autres Nations venoient ſe perfectionner ; & c'eſt dans la pratique de ces Exercices, qui faiſoient autrefois les divertiſſemens des Princes & de la Nobleſſe, qu'on cherchoit à ſe diſtinguer pour ſe rendre capables de ſervir ſon Prince avec honneur, & pour acqué-

II. Part.   S

rir des vertus & des talens, qui doivent être inséparables de tous ceux qui font profession des Armes.

Fin de la Seconde Partie.